ハヤカワ文庫 NF
〈NF533〉

モサド
暗躍と抗争の70年史

小谷 賢

早川書房
8293

目次

モサド

——暗躍と抗争の70年史

はじめに

本書はイスラエルの対外情報機関として有名なモサドの70年について綴ったものである。モサドに関しては、本国イスラエルではもちろんのこと、英語圏においても数多くの書物が出版されており、どれを紐解いてもその華麗なオペレーションについて描かれている。従ってモサドといえば、アイヒマン誘拐作戦を始めとする数多くの困難な任務《ミッション・インポシブル》を実行する、超一級の工作機関であるというイメージが強い。確かにそれはある意味事実であろう。

しかしモサドの華麗なミッションのみを見ていてはその本質は見えてこないのではないだろうか。それはちょうど、実際の英国秘密情報部（ＭＩ６）が、映画『００７』シリーズで描かれる同組織と大きく異なっているのと同じである。

モサドといえどもその他の国々の情報機関と同様に、首相の命によって動く官僚組織であり、イスラエルの情報コミュニティーを形成する一つの組織である。筆者の関心は、イスラエルの官僚機構としてのモサドであり、具体的には、なぜ法律にも規定されていないモサドのような組織が、暴走もせずにこれまでそれなりに機能してこられたのか、という点にある。

そのため本書では、モサドの歴史をその創設期から追い、イスラエルの政治、またイスラエルの情報コミュニティーにおける、組織としてのモサドを描き出そうとした。国外において困難なミッションを行うモサドは、国内的には他の情報機関との縄張り争いや政治闘争に巻き込まれて、時には機能不全にも陥る、極めて官僚的な組織でもある。そして歴代のモサド長官は、このような政治闘争に時には苦慮し、組織防衛のために動くことを余儀なくされてきたのである。

一般にモサドはイスラエルの対外情報機関として、アメリカの中央情報庁（CIA）や英国秘密情報部と並んで有名な組織である。この組織の英語名は、英国流にイスラエル秘密情報部（ISIS）というそうであるが、現在でも「モサド」の通り名の方が有名であろう。本来「モサド」という名称は1963年になって与えられた略称であり、「情報・特務工作機関」を意味するヘブライ語の「ハ－モサッド・レ－モディイン・ウ－レ－タフキディーム・メユハディーム」内の単語である「機関」の意味に過ぎない。しかし今や「モサド」といえば、イスラエルの対外情報機関を指すのが普通である。

またモサドのスタッフ数は1500～2000人程度と見られており、この数はMI6

より若干少なく、CIAと比べると十分の一程度の規模となる。従ってモサドは少ない人員の割には、高いパフォーマンスを誇る組織であるということができるだろう。

モサドは世界中に張り巡らされた、ユダヤ人情報網によって情報収集活動を行う対外情報組織であり、その具体的任務は以下のようになっている。

- イスラエル国外の秘密情報収集。
- 敵国による大量破壊兵器の入手、開発の阻止。
- 国外のイスラエル人をターゲットにしたテロリズムの防止。
- 外務省連絡事務所（世界中のユダヤ人をイスラエルに帰還させる組織）が公式に活動できない地域において、ユダヤ人の帰国を援助する。
- 作戦、政治、戦略情報の作成。
- イスラエル国外における特別工作の実施。
- 非公式の外交関係の維持。

モサドを掌握する長官は政治任命で、基本的には2期8年までであり、その本部はテルアビブにあると言われている。現在、モサドの活動を規定する法律がないため、法的には存在しない組織であり、それゆえ任務のためには非合法活動も行えるとされている。モサドの公式ウェブサイト上では「モサド憲章」と、ヘブライ聖書の一書である『箴言《しんげん》』内の格言、「導かなければ民は滅びる、安全と救済は多くの助言者の中にある」をそのモットーとしてあげている。

モサドは長官の下に、管理担当の副長官と工作担当の副長官が存在し、多くの工作任務は工作担当副長官の下で行われる。工作担当副長官の下には、ツォメット（Tsomet）と呼ばれるモサド最大規模の組織が存在し、ここが対外情報収集の中心的な役割を果たしている。その情報収集はヒュミント（人的情報収集）が基本であり、世界中に張り巡らされたユダヤ人ネットワークを駆使して情報収集活動を行う。

情報収集部局としては、ツォメットとは別に、ネヴィオット（Nevioth）と呼ばれる組織が存在し、こちらは主に偵察や尾行、盗聴などを得意とする組織である。

もし実行力が必要となれば、メツァダ（Metsada）が担当する。この下には、キドン（Kidon）、俗称「バヨネット（銃剣）」と呼ばれる実行部隊があり、1972年のミュンヘンオリンピック事件を引き起こしたテロリスト・グループ、「黒い九月」のメンバーの暗殺にあたったのがこのバヨネットであり、現在でも対テロリスト工作はこのバヨネットのチームが担っている。ただしバヨネットを動かすためには、首相が議長を務める「X委員会」による承認が必要とされるため、過去にバヨネットが暗躍した回数はそれ程多くはない。

さらにプロパガンダを担当するラップ（LAP）、諸外国の情報機関との情報交換の窓口であるテヴェル（Tevel）、そして国外のユダヤ人の保護、およびイスラエルへの移住を援助するツァフリリーム（Tsafririm）などが存在している。この組織は1984年「モーセ作戦」を実行し、エチオピアから数万人単位のユダヤ人をイスラエル本国に移送し続けたのである。

一方の管理担当副長官の下には、防諜課や訓練課、技術支援課などが存在しているという。モサドの偽造パスポートや偽文書を作成する技術は世界有数のものと考えられており、これらの課が世界中におけるモサドの工作を支援しているのである。

元モサド工作員のビクター・オストロフスキーの回想によると、モサドは偽造旅券や偽造紙幣の作成用に工場と化学研究所を有しており、各国の旅券や紙幣の紙質を分析しては複製を試み、またそこに押される入国管理用のスタンプまでも偽造しているという。イスラエルには世界中からユダヤ人が流入してくるため、各国の旅券サンプルが入手し易いのである。またオストロフスキーによると、モサドはカナダの旅券を大量に偽造し、使用しているということである。

イスラエルにはモサドの他にも、国内防諜を担当するシャバク（1960年代までは「シン・ベト」）、軍事情報とテキント（衛星情報や通信情報といった技術情報）を専門とするアマン、旧ソ連・東欧圏のユダヤ人を保護し、イスラエルに帰還させるナティーフ、外務省の政治分析センター（CPR）、警察公安部などが存在しており、これらの組織がイスラエルの情報コミュニティーを形成している。官僚組織の例に漏れず、これらイスラエルの情報組織でも縄張り争いとは無縁というわけではなく、時には組織間、また政治家との間で闘争を演じてきた。

ただしイスラエルは国家自体が常に緊張とともにあり、これら情報機関が機能しなくなればイスラエル国家はあっという間に存亡の危機に立たされる。そのため、情報機能を特化させ、ウサギのような長い耳を持つことによってこれまで生き延びることに成功してきたのである。そして常にその最前線にいるのが、モサドのオフィサー達であり、過去、不可能とも思える様々なミッションを実行してきたのである。

第一章　創設の時代

1．前史

源流

モサドの源流は、第一次世界大戦中の1915年、中東における英軍の作戦を支えるために結成された情報組織、ニリー（NILI）と、1929年に設置されたパレスチナのユダヤ機関の組織である、政治局情報部に遡ることができる。これらの組織はイギリスの情報組織と連携しつつ、ニリーは軍事情報を専門とし、ユダヤ機関政治局情報部は政治・外国情報を専門とする組織へと成長していくのである。

これら情報機関の目的は、1917年のイギリス政府によるバルフォア宣言に基づき、パレスチナにユダヤ国家（ナショナル・ホーム）を構築する計画を裏から支えるものであった。第一次世界大戦でユダヤ人はアラブ人とともにイギリスに協力し、オスマン・トルコ帝国を打ち破っている。その後パレスチナはイギリスの委任統治領となっていたが、欧州のユダヤ人勢力はバルフォア宣言によって約束されたユダヤ国家創設のため、次々とパレスチナへの入植を実施していたのである。

1930年代に入るとユダヤ人のパレスチナ入植は急速に進み、ユダヤ人とパレスチナ人との武力衝突が絶えなくなった。そのため、ユダヤ機関政治局情報部は、将来の国家建設のため、イギリスと協力しながらパレスチナ人の蜂起を押さえ込むための情報収集活動を行っていたのである。

ルーヴェン・シロアッフ

1931年、ヘブライ大学東洋研究科で中東研究を専攻していたある学生が、ユダヤ機関政治局にリクルートされた。彼の名はルーヴェン・ザスラニ、後にモサド初代長官として知られることになるルーヴェン・シロアッフであった。

ザスラニは1909年に、オスマン・トルコ統治下のエルサレムで生を受けた。子供の頃から神童の誉れ高く、その能力は彼がヘブライ大学に進学する頃になると、ユダヤ機関からも注目されるようになっていたのである。よってシオニズム運動への関心が強かったザスラニが、ユダヤ機関のために働くのは自然の成り行きであった。アラビア語を自由に操れたザスラニは政治局の命を受け、1931年8月、そして1932年10月に現地の学校教員、及び「パレスチナ・ポスト」の記者として、当時のイラク王国に赴くこととなる。

モサドの初代長官となったルーヴェン・シロアッフ
写真 Mendelson Hugo　The Govemment Press Office, Israel

しかしその赴任の内実は、イラクにおける情報収集とイギリス空軍情報部との接触であった。

イギリスから見れば、当時のイラクではアラブ民族主義運動に伴う反英活動が高まりを見せており、また同地域に関心を持つナチス・ドイツの影響力の浸透も懸念されていた。そのような状況の中でザスラニはイギリスの情報機関と協力して働くことになる。また新聞記者としても、イラクに住むユダヤ人に対して活発な宣伝活動を行い、ユダヤ人のパレスチナへの移住を促し続けた。しかしこれらの工作がもとで、彼はイラク当局から国外への退去を命じられてしまうのである。

ザスラニはエルサレムに戻ってからも、政治局のために英国情報部とのリエゾン（連絡係）を務めた。彼はリエゾンの経験を通じて、情報収集や分析についてのノウハウを学び、ユダヤ機関にも本格的な情報組織が必要なことを痛感していた。

当時の情報組織は以下のようであり、お互いの交流はなかったとされる。

・モシェ・シャレットのユダヤ機関政治局情報部（イギリス、アラブ情報）
・エフライム・デケルの公安情報部（治安情報）
・エズラ・ダニンのハガナー情報部（軍事、アラブ情報）

1930年代になると、ナチス・ドイツからの迫害を逃れるために、多くのユダヤ人がパレスチナに移住するようになり、元々の住人であるアラブ人と対立するようになっていた。そして1936年にパレスチナでアラブ人の大乱が発生すると、イギリスの統治機関とハガナー（ユダヤ人入植地の自衛団から発展した軍事組織）がこれを平定するまでに2年半を要してしまったのである。ハガナーの情報部はこの大乱を事前に察知できなかったばかりか、その後も苦戦を続けた。ここで各組織がばらばらに機能していた弱点が露呈したのである。

ハガナー情報部のエズラ・ダニンは以下のように述べている。

「我々に対する（アラブ側の）攻撃は自然発生的に生じ、当方には何の準備もなかったために甚大な被害を被った。これを解決するためには、ハガナー情報部を整備するしかない。

情報活動はたとえ平時であっても行われるべきものであり、これによって将来の災禍を予測し、それに対処することができるのである」

第二次世界大戦とシャイ

1940年9月、ユダヤ機関政治局長、モシェ・シャレット（後のイスラエル首相）承認の下、ハガナー情報部とユダヤ機関政治局情報部が統合され、新たな情報組織、「シャイ」が誕生することになる。シャイは、ユダヤ課（防諜）、イギリス課（情報交換、対外情報）、アラブ課（対外情報）などからなっていたが、この組織も泥縄式に作られた感は否めない。

1939年5月17日、イギリス政府はユダヤ国家を承認したバルフォア宣言を撤回するかのように、「1939年の白書（マクドナルド白書）」を公表した。これは欧州から続々とパレスチナに移住してくるユダヤ人を相当数限定するものであり、いわばアラブ側への妥協の表れであった。イギリス政府としては予想されるドイツとの戦争のために、少しでも多くのアラブ諸国の協力を取り付け、重要な戦略拠点である中東地域を自らの勢力圏として守る必要があったのである。

しかしこの決定は、パレスチナ移住を計画する欧州のユダヤ人にとっては災難であった。1939年10月、ウィーンからパレスチナに向うユダヤ人の一行が、ルーマニアの越境を認められず、そのまま東欧に留まることを強いられたのである。そしてその多くは同地に侵攻して来たナチス・ドイツに捕らえられ、強制収容所送りとされた。また1941年12月にはルーマニアからの難民船シュトルーマ号がパレスチナへの入港を拒否され、翌年2月の帰路で沈没。この事故で700名を超えるユダヤ人が亡くなっている。

このような悲劇を防ぐためにユダヤ機関は、「アリヤーB（「アリヤー」は「パレスチナへの帰還」の意）」と呼ばれる組織を編成し、欧州からパレスチナに移民するユダヤ人を陰から支えたのである。1948年のイスラエル建国までに50万人以上のユダヤ人がパレスチナに移動したとされているが、その約四分の一がこのアリヤーBの活動によるものとされる。またアリヤーBの活動はモサド創設後も「ナティーフ」として、主にソ連・東欧圏からのユダヤ人の移住を援助し続けたのである。

一方、イギリスの決定に憤慨したユダヤ人達は、対英闘争を始める覚悟を決めるが、同年9月に生じた第二次世界大戦のためにそれどころではなくなるのである。戦争に直面したユダヤ機関の長、ダヴィッド・ベン＝グリオンは、当面の敵はイギリスではなくドイツだとして以下のような声明を発表している。

「もし戦争がなければ白書に対して戦いを挑むところだが、今は白書のことは忘れ、戦争に対して挑まなければならない」

テルアビブで反ナチスのためにイギリスに協力するよう呼びかける
ヘブライ語のポスター（1939 年）写真 Kluger Zoltan
The Government Press Office, Israel

戦争が始まると、ハガナーは英軍に訓練された野戦部隊「パルマハ」を組織し、英軍とともに戦うようになる。ザスラニも英国情報部に協力し、パレスチナ地域におけるドイツ人スパイを洗い出す任務に従事した。しかし戦争が激化するに伴い、イギリスからのユダヤ機関への要求は高まっていく。1941年春までにイギリスはトルコからイランにいたる中東全域において、ユダヤ機関の協力を要求した。

ザスラニの配下にあった多くのパレスチナ在住のユダヤ人は、イギリス特殊作戦部（SOE）の支援を受けながら、シリアなどに情報網を築き上げたのである。また彼らの一部はドイツ占領下の欧州に渡り、SOEや英国軍事情報部第9課（MI9：欧州での対独ゲリラ活動を支援する組織）で、落下傘降下によるドイツ占領地域への潜入工作などの危険な任務に就いた。この任務によってザスラニは多くの仲間や部下を失ったが、同時に貴重な経験も得た。それは潜入や変装、情報収集などの工作活動から、英米の情報機関との接触にまで及び、これらの経験が後のモサドで活かされることになる。この時、彼はカイロにおいて英国情報部や米国の戦略事務局（OSS：後のCIA）と緊密に連絡を保ちながら、ユダヤ人の志願者を欧州に送り込む任務に就いていたのである。

ザスラニは1944年1月に来るべきユダヤ国家建設を構想し、「欧州ユダヤ人の自衛計画」を作成して、イギリス側との交渉を繰り返していた。この計画は元々、ハンガリー在住のユダヤ人をナチスの手から守るための計画であり、ユダヤ人による自衛組織を将来的な国家の基礎に据えていく予定のものであった。しかし彼の提案は、イギリス側からはほとんど無視されている。

イギリスから見れば、ユダヤ人が勝手に自衛組織を構築するのは好ましくなく、将来を見据えた場合、それはイギリス指揮下の組織でなければならなかった。このようにイギリス政府は、ユダヤ国家の形成に向けた動きには警戒を解かなかったのである。パレスチナを統治するイギリスの高等弁務官、ハロルド・マクマイケルは、ザスラニの意見に対して、「ユダヤ機関と関係を持つ組織化された集団など、危険で好ましくない」と明言していた。

実はこの時既に、ハガナーはテロリストの集団としてイギリスに認識されつつあったのである。近年公開されたイギリス防諜部（ＭＩ５）の報告資料によると、「間違いなくハガナーはパレスチナにとって将来的に脅威をもたらす存在である」と記されており、このようなユダヤ人組織に対して、英当局には協力する意図など当初からなかったといえる。

他方でザスラニは、ユダヤ機関が「戦争遂行のための都合の良い相手」とイギリス側に見られていることに憤りを感じていたのである。イギリスと対等に接するためには、まずユダヤ国家を建設しなければならず、そのためにはさらに、外交、軍事力の整備のみならず、インテリジェンスの整備が重要であることを見抜いていた。１９４４年9月、彼はイギリスとのリエゾンから身を引き、その数か月後、ユダヤ機関政治局長シャレットに対して、以下のようなレポートを提出したのである。

「『インテリジェンス』、ヘブライ語には適当な訳語が見当たらないが、これは政治機構の中で最も重要なものであり、特に今のような戦時において威力を発揮する。私は来る日に備え、この『インテリジェンス』が我々の政府機構に組み込まれることを信じてやまない」

同時にザスラニは、新たな情報機関を設置する上で、ユダヤ人が抱えていた問題点も指摘している。

①訓練を受けたプロフェッショナルの不足。

②インテリジェンス業務への偏見（当時「インテリジェンス」とは秘密警察のように身内を密告し拷問にかけることと理解されていた）。

③ユダヤ人には長期的な視野に立つ先見性が不足している。

④最重要同盟国であるイギリスとの関係がぎごちない。

⑤各組織が情報を共有できていない。

そして彼はレポートを以下のように締めくくった。

「私がここでインテリジェンスにこだわるのは、インテリジェンスが同盟諸国の政治、経済活動に深く関わっているからだ。イギリスやアメリカも過去の経験からこのことを学んできたのである。戦争が終わると、彼らは徐々に手を引くことになるだろう。次に我々が、多くの同胞がいるヨーロッパで彼らのために活動しなければならないのである」

シャレットはこのザスラニのレポートを読み、ザスラニをロンドン、そしてワシントンに送り、米英情報機関との繋がりを深めさせたのである。１９４５年１月から数か月かけて、ザスラニはワシントンからサンフランシスコまで旅をし、米軍や国務省の中東局のスタッフ、そしてＯＳＳとの意見交換に時間を費やしている。

第一次中東戦争

第二次世界大戦が終わりに近づくと、ユダヤ人の極右派武装組織、「イルグン」や「レヒ（シュテルン団）」は、来るべきユダヤ国家創設のための反英闘争を開始した。この頃イギリス防諜機関ＭＩ５は人員を大幅に減らされていた上に、そのターゲットを対独活動から対ソ連活動に軸足を移しつつあったため、このシオニスト過激派活動に対する監視は不十分であったとされる。これら過激派組織はクレメント・アトリー英首相やアーネスト・ベヴィン外相らイギリスの政治家に対するテロを計画しており、実際に１９４４年11月、中東担当大臣であるモイン卿が暗殺されてしまう。さらにパレスチナ担当高等弁務官、マクマイケルもテロのターゲットとされたが、彼は辛くも難を逃れた。

このようなテロに対して、パレスチナのイギリス当局は武装組織の弱体化を狙った「アガサ作戦」を実施し、ハガナーやイルグン等のメンバーを多数逮捕したのである。その中には後にイスラエル首相となるモシェ・シャレットやイツハク・シャミールも含まれていたが、このようなイギリスの治安維持活動は、更なるテロを呼び込むこととなる。

1946年7月22日、「イルグン」は「アガサ作戦」に対する報復として、イギリスの委任統治政府が多数入居しているエルサレムのキング・デービッド・ホテルを爆破するというテロを決行したのである。この爆弾テロによってイギリス人やユダヤ人を含む90名が亡くなり、当時の国際社会の注目を集めるに至った。そしてこの状況に困窮したイギリス政府は問題を国連に委任し、パレスチナ駐留イギリス軍部隊を1948年5月までに撤退させることを決定したのである。

1947年11月29日、国連総会はパレスチナ分割決議第181号を採択し、ユダヤ国家の創設を認めることとなった。ところがこの分割案はユダヤ側に大幅に譲歩したものであり、パレスチナ側には全く受け入れられるものではなかったのである。こうして今度は、パレスチナ人・ユダヤ人の間の抗争が激化し、ユダヤ人の過激組織もパレスチナ人をターゲットにするようになる。

1948年に入ると、ユダヤとパレスチナの対立は相次ぐテロの応酬によって先鋭化していく。特に1948年4月9日に「イルグン」と「レヒ」によって引き起こされたディル・ヤーシーン村の虐殺では、254名もの犠牲者を数えた。

この頃、ザスラニはベン＝グリオンの情報補佐官として働いていた。ベン＝グリオンの関心は、イギリスがイスラエル国家の建国を認めるか否かにあったため、1948年2月にザスラニが英国に出向いて英国側の真意を確かめようとしたが、確固とした情報を得ることはできなかった。ただしイギリスがアラブ側に加担することもないという情勢判断だけは得ることができた。

一方、シャイは予想されるアラブ諸国との対決に備えなければならなかった。シャイは1940年に統合によって誕生していたが、それでもまだ十分に組織化されておらず、また政治・外国情報に特化しており、軍事情報の分野には対応できていなかった。当時の状況は、アラブ陣営の方が人員、装備の面でユダヤ陣営を大きく引き離しており、もし戦争となればユダヤ側の苦戦が予想されていたのである。

そしてイギリスがパレスチナから撤退する1948年5月14日、イスラエル国家は独立を宣言し、同日、アラブ諸国はイスラエルに対して一斉に宣戦布告を行った。第一次中東戦争の開始である。

この状況に直面して、イセル・ベーリ中佐が指揮するシャイはアラブ連合軍の兵力をほとんど把握していなかったのである。この時、イーガル・ヤディン参謀副長は勝敗を五分五分と見積もっていたが、これでも当時としては楽観的な見方であったといえる。

全体的にシャイの情報活動は戦争を戦い抜く上では不十分であった。当時のシャイの情報は「曖昧で不正確」と評されていたし、当時のハガナーの置かれている状況は第7旅団長、シュロモ・シャミール将軍の言葉を借りれば、「軍事情報などなかった。そしてそれなしに戦うのは不可能に近かった」というものであった。シャイの問題は、人材不足や資金不足に加え、シャイ全体を纏める求心力に欠けていたことにあった。

そこで戦争中の1948年5月30日、独立とともに首相となったベン＝グリオンは、これら情報機関に横断的に関与しており、また最も信頼の厚かったザスラニに「シロアッフ」（ヘブライ語で「密使」の意）の名を与え、軍事及び政治インテリジェンスの改革に着手するよう命じたのである。既に数日前には、ハガナーやレヒがイスラエル国防軍（IDF）に改編されていた。その後6月7日、ベン＝グリオンはシャイを解体し、三つの情報機関を設置することを決定している。

1948年6月30日、シャイ長官のイセル・ベーリ中佐以下、軍首脳部がテルアビブ、ベンイェフダ通りのシャイ本部に集まり、シロアッフが練り上げ、ベン＝グリオンとシャレットが了承した情報機関の構想を実行に移すこととなった。

ベン＝グリオン首相の回想には以下のように記されている。


「軍事情報部については、イセル・ベーリとハイム・ヘルツォーグに任せる。彼らの任務は、安全保障分野と検閲、防諜活動にある。保安部については、イセル・ハルエルとヨセフ・イズラエリに、対外情報部についてはルーヴェン・シロアッフに任せる」

この日をもってシャイは解体され、軍事情報部であるアマン、保安任務を行うシン・ベト（1960年代以降はシャバク）、そして対外情報組織である外務省政治情報局（後のモサド）が誕生したのである。

ツビヤンスキ事件

ところが同日、アマン長官の座についたベーリは、独断でIDFの将校を銃殺するという事件を起こした。イセル・ベーリはポーランド生まれのユダヤ人であり、ハガナーに参加後、情報畑を歩んだ人物である。彼は背が高く、保安部のイセル・ハルエルとの対比から、「大イセル」の名で親しまれていた。しかしベーリは潔癖主義的なところがあり、軍事情報部アマンが誕生したまさにその日、IDFの情報将校に死刑判決を下した。これは現在ではツビヤンスキ事件として知られている。

メイール・ツビヤンスキはハガナーの大尉であり、同時にパレスチナ電気会社の社員でもあった。1948年の第一次中東戦争の緒戦において、ハガナーの部隊はヨルダン軍の精確な砲撃に晒され、壊滅的な損害を被った経緯があり、シャイはハガナー内部に情報漏洩者がいると睨んで捜査を進めていた。そこで浮かび上がったのがツビヤンスキであり、彼には勤務先の会社を通じて敵方に情報を流しているとの疑いが持たれていた。また彼は第二次世界大戦中は英軍の工兵少佐として働いた経歴を持っており、英軍との繋がりも疑われていた。そのためベーリは、部下のベンヤミン・ジブリ少佐とともに状況証拠のみで彼に死刑判決を与えたのである。

ツビヤンスキは仲間の兵士に連れ出され、本人には何も告げられないままいきなり銃殺されることになった。本人や周りの人間にとってそれは全く予期しない処刑劇であったという。その後彼の妻がベン＝グリオンに直訴しており、ツビヤンスキは名誉回復の後、二階級特進を与えられ、遺族にも賠償金が支払われた。事件後もベーリはツビヤンスキがスパイであることを疑わなかったが、この一件によって彼は就いたばかりのアマン長官の座から更迭されたのである。そしてその後任として元英国陸軍情報将校として活躍した、ハイム・ヘルツォーグ少佐が就いたのである。

2．モサド誕生

シロアッフの構想

イスラエルは何とか第一次中東戦争を生き残った。1949年2月から7月にかけて各国との休戦協定が結ばれ暫定的な国境線が確定したことで、イスラエル国家及びインテリジェンスの至上命題はこの国境線を守りぬくことになったのである。

だがシロアッフはさらに先を見通していた。彼のインテリジェンス構想は、主に三つの目標を達成することに重きが置かれていた。その一つ目は当然のことながら、イスラエルの安全保障の確保のためであり、具体的に言えばアラブ諸国の動向を探るための対外インテリジェンスの重視であった。シロアッフ自身、第二次世界大戦におけるイギリス情報機関との連携や、ヨルダン国王との折衝に苦労した経験を持っており、中東においてイスラエル国家が生き残るためにはあらゆる国際的な困難が想定されていた。よってイスラエルのインテリジェンスはまずこの対外的な問題を解決できる能力を備えていなければならなかった。

二つ目は国内的な問題である。１９４８年までユダヤ人の情報機関として機能してきたシャイは統一された組織ではほとんどなく、政治部門や軍事部門間の情報の共有にはほど遠い状況であった。主な原因は、外務省や公安部門に対する軍部の圧倒的な優越であり、もし新たな情報コミュニティーが創設される場合、強力な権限を備えた情報機関が軍部やその他の情報組織をうまく纏め上げる必要性があった。しかし軍部と対等な政治権力を持つ情報機関の創設は容易な事ではなく、そのためには最低限、首相に直結するような情報機関が構想されていたのである。

三つ目は、アメリカの情報機関、特にＣＩＡと直接やり取りできるような情報機関の創設であった。当時、イスラエルのインテリジェンスは英仏情報機関との関係を重視していたが、シロアッフは既にアメリカを最重要視していた。ただしアメリカも１９４７年にＣ

IAを創設したばかりであり、そのようなCIAとの連携を構想するのは時期尚早のように見えた。シロアッフは国際的にイスラエルを存続させるにはアメリカの力が不可欠であり、そのアメリカとの関係は、表の外交関係と裏の情報関係の繋がりによって維持するべきであると信じていた。

そもそも当時のイスラエル政府は左派のマパイ（後の労働党）によって率いられており、またイスラエルが進めていたキブツ（農業共同体）は一見、共産主義的な計画のように見えたため、反共産主義を唱えるアメリカと公に外交関係を維持するのは困難が予想された。従ってシロアッフにとって、イスラエルの対外情報機関は、アメリカとの裏の繋がりを担保するべきものでなくてはならなかったのである。

1948年6月、ベン＝グリオン首相の決定に基づき、外務省政治情報局が誕生した。この情報局はシャイの海外情報網を受け継ぎ、調査部と作戦部から構成されるものであった。これは秘密情報部が外務省の管轄である、イギリスに倣ったものである。

また全体の情報コミュニティーも、元英国陸軍情報将校であったヘルツォーグとシロアッフの間で主に構想されたため、そこにはイギリスの影響が強く見られる。例えば1949年4月には各情報機関の情報を共有するための情報委員会（後のヴァラシュ委員会）が設置されており、これは英合同情報委員会（JIC）を意識したものである。この委員会は、軍事情報部、外務省政治情報局、保安部、警察公安部などの長が集まって、それぞれの情報を共有できるようになっていた。

しかしシロアッフの構想は、首相に直結する中央情報機関の設立にあった。イスラエルのように常に緊張状態に置かれている国家は、迅速なトップの判断が求められる。そのためには、首相と直接の繋がりを持つ情報機関の存在が重要であるとシロアッフは考えたのである。

そして1949年12月の改編によって、シロアッフを長とした国家情報調整局（後のモサド）が設置され、この組織が中央情報部として首相に直結することになった。つまりこの調整局が、他の情報機関を纏める役割を担ったのである。これは英国型を志向しながら、同時に調整局がアメリカのCIAに近い機能を持つようになったのである。そのためイスラエルの情報コミュニティーは英国流の委員会制度をとり、中央情報部に相当する調整局が委員会を纏めるというシステムを形成したのである。

スパイの反乱

しかしこの再編は、調整局の増長を嫌う軍部の猛反発を招くことになった。シロアッフは軍部と再三に渉る調整を行うが、根本的な解決には至らなかった。さらに問題は、調整局と外務省政治情報局の関係であった。形式上、調整局が外務省政治情報局を監督する立場にあったが、これは首相府と外務省の対立に発展する恐れがあった。そこで1951年

2月、ベン＝グリオンは政治決断によってこれら組織の間に明確な線引きを行うことになる。

「もし平時であれば外務省がインテリジェンスを扱うのは構わない。しかし戦争の脅威は現実的であり、インテリジェンスはリスクを伴う。（中略）このような状況では外務省の合法的な手段では難しい」

このベン＝グリオンの決断によって、外務省政治情報局は、首相直轄の調整局に吸収・合併されてしまう。しかしこの決断に反発した外務省政治情報局の中心メンバーが首都エルサレムに集まり、首相に対する反旗を翻そうとしたのである。メンバーの中心は、ボリス・グリエル局長と欧州での情報活動を統括する、アッシャー・ベンナタンであった。ラトビア出身のグリエルは第二次世界大戦中、英国軍人として戦い、ドイツ軍の捕虜として捕らえられた。しかしその後も生き延びて、今度はシャイ、そして政治情報局のために活躍した熟練のオフィサーであった。ベンナタンはアリヤーBの出身で、1948年から外務省政治情報局の作戦部長を務めていた。

このグリエルを中心にした反乱は、誕生したばかりのイスラエル情報コミュニティーにとっては衝撃的な事件であった。グリエルはモシェ・シャレット外務大臣の説得に応じたが、その他のメンバーは政府に対して一斉に辞表を提出したのである。この事件は「スパイの反乱」としてその後も記憶されることになる。結局、シロアッフはベン＝グリオンとシャレットの強い支持を受け、強権的に反乱を起こしたメンバーを追放してこの問題を解決した。残った政治情報局の調査部は調整局に迎え入れられ、調整局も4月1日には首相直結の組織、情報特務機関（モサド）として生まれ変わることとなった。

また3月にはアリヤーBを引き継いだナティーフが成立し、ソ連・東欧圏におけるユダヤ人の保護、及び情報収集を行うこととなった。他方、政治情報局の作戦部はアマンに編入され、ベンヤミン・ジブリ中佐の下で「131部隊」として活躍の場を与えられるが、後にこの131部隊は問題を引き起こすこととなる。

こうして初代長官シロアッフの下で、モサドは動き出したのである。そのヘブライ語名が示すように、モサドは海外における情報収集と特務工作を行う組織であり、工作部門は軍事情報部から引き抜かれたハイム・ヤアリが率いることになった。モサドはその誕生時から、シロアッフとベン＝グリオンの紐帯によって、イスラエルの政策決定に深く関わる組織であった。一見すると、モサドは優秀な工作機関の一つに過ぎないように見えるが、設立された時から首相に直結する機関であり、首相の目や耳、時には口として機能していたのである。

第一次中東戦争によってイスラエルは1947年の国連決議のパレスチナ分割決議案で定められた領土から大幅に拡大し、北はレバノンとの国境から、南はエジプトのシナイ半島に迫る領土を獲得したのである。しかし同時に、この戦争によって80万人ものパレスチナ難民が生じ、ガザ地区には難民が押し寄せることとなった。イスラエル国家の独立とそれに続く戦争によって、パレスチナ問題は複雑化し、イスラエルは常に四面楚歌の状況に置かれることになる。従ってモサドはイスラエル国家の存続をまず第一に考えなければならなかったのである。

モサドの誕生は、当時イスラエルが置かれていた状況を解決するためのものである。まずは建国間もないイスラエル国家存続のために、強力な対外情報機関が必要とされたのである。インテリジェンスの分野においては、各国に散らばるユダヤ人ネットワークがモサドの初期の活動を支えた。また政治的にモサドはベン＝グリオンとシロアッフの強力な紐帯によって支えられており、ややもすれば求心力を失い、お互いの縄張り争いを始める情報コミュニティーにおいて、その存在は求心力を与えるものであった。ただしシロアッフ自身は軍事情報部アマンや防諜機関シン・ベトとの調整に苦慮し、彼の辞任はこれら組織間の軋轢が遠因となるのである。

またこの時期、モサドは米国CIAとの連携を急速に深めていく。モサドと同じく、C

IAも1947年に設置されたばかりの若い情報機関であった。既にシロアッフが第二次世界大戦中に米情報機関との関係を築いていたことは述べたが、彼がカウンターパートとしていたのは、後にCIAの伝説的なオフィサーとなるジェームズ・アングルトンであったと言われている。

大戦中、アングルトンはOSSのオフィサーとして欧州に赴任しており、現地ユダヤ人ネットワーク、特にアリヤーBから情報を収集していた。アングルトン自身も戦争中の経験を通じて、ユダヤ機関との協力が大変実りのあるものであったことを悟っていた。アングルトンはCIAにモサドとの情報交換を担当する事務所を設置するなど、その存在は、その後のCIAとモサドの紐帯の礎石となった。2002年までモサド長官を務めたエフライム・ハレヴィもその回顧録の中で、アングルトンが亡くなる直前に接触したことを記しており、彼は亡くなる1987年までモサドとの関係を維持し続けていたことが窺い知れる。

1951年5月、ベン＝グリオン首相が米国をプライベートで訪れた際、シロアッフとアングルトンの繋がりから、ベン＝グリオンは当時のCIA長官、ウォルター・ベデル・スミス将軍、そしてその後継のアレン・ダレスと会談しており、これが両国の情報機関の関係を強化するきっかけとなった。この時、シロアッフとアングルトンの間で、イスラエルとアメリカの情報交換を義務付け、またお互いに対してはスパイ活動を行わないことを約束しあったのである。

その5年後イスラエルは、ソ連共産党第一書記、ニキータ・フルシチョフによるスターリン批判の内容を、西側情報機関に先駆けて入手することになるが、この情報はモサドからアングルトンに渡され、有名な「フルシチョフ演説」として世界中に配信されたのである。その後も、イスラエルとアメリカは、公式の外交関係を維持しつつ、インテリジェンスや国際政治の機微に関わる議題の場合は、モサドとCIAの裏の繋がりが活用されるようになるのである。

このようにシロアッフの功績の一つに、その後確固たる関係を築くことになるモサドとCIAの紐帯の基礎を作り上げたことが挙げられる。既述したように当時のイスラエルのインテリジェンスはイギリス情報機関との関係が強く、また当時、外交的にイスラエルの同盟国はフランスであったが、シロアッフはまだ出来たばかりのCIAに目をつけ、将来の関係構築に期待していたのである。第二次世界大戦中、ハガナーのメンバーとしてシロアッフとともに働いたエフード・アヴリルは、後に当時を振り返って以下のように述べている。

「今日我々と米国とが深い関係を築き上げたことは当然の帰結であったように思える。ところがルーヴェン（・シロアッフ）がアメリカとの情報協力が必要であると提案した頃は、誰もそんなことは思いもよらなかった」

シロアッフの辞任

しかし早くもシロアッフの地位は脅かされつつあった。彼は国内防諜機関、シン・ベトを率いるイセル・ハルエルからの批判に晒されていたのである。シロアッフとハルエルの確執の原因については判然としないが、シロアッフは元々学者肌で一匹狼的なところがあり、組織を率いるのにはあまり向いていなかった。一方のハルエルは親分肌的なところがあり、シャイ時代からシロアッフらとは不和であった。ハルエルはベン＝グリオンの政治基盤を強化するため、右派・左派に対する政治闘争にシン・ベトを利用しており、そこにシロアッフとの縄張り争いが生じていたものと推測される。

また二人は正反対ともいえるバックグラウンドを持つ。イスラエルの最高学府であるヘブライ大学で中東研究に打ち込み、「アイディアの人」と呼ばれたシロアッフに比べると、ハルエルは初等教育のみを受け、その後は叩き上げでのし上がった人物であった。ハルエルは事あるごとにベン＝グリオンとシロアッフの間に楔を打ち込もうとしていたのである。なぜならモサドの他の機関に対する優越は、主にベン＝グリオンとシロアッフ間の個人的な紐帯に拠る所が大きかったからである。

1951年6月、イラクに潜入していたモサド工作員、ヨセフ・バシリ、シャロン・サラがイラク当局に拘束の後、スパイ罪で処刑され、また翌年1月、イェフダ・タジェルもイラクで逮捕、拘束されるという不祥事が生じた。さらにローマに派遣されていたモサドのダヴィッド・マゲンがエジプトの二重スパイであったことまでが発覚し、彼はイスラエルへ召還の後、懲役15年の刑が確定するという事件が起こった。

これらの失敗はシロアッフが直接関わったものではないが、ハルエルはモサドの全責任はシロアッフにあるとして、彼の責任を厳しく追及している。どちらかと言えばシロアッフは実際のオペレーションを指揮するのをあまり得意とせず、本人もそのことは自覚していたようである。この時、ベン＝グリオンも「イセル（・ハルエル）がまた私に会いにきた。彼はルーヴェン（・シロアッフ）が仕事でミスを犯したと信じているようだ」と書き残しており、ここからも当時のハルエルとシロアッフの確執が窺い知れる。

シロアッフはハルエルからの批判に疲弊し、周りには辞意を漏らし始めていた。シロアッフは当時駐米武官を務めていた友人のハイム・ヘルツォーグ大佐をワシントンに訪ね、後任として彼の登板を要請したが、ヘルツォーグは軍人としてのキャリアにこだわりこれを断っている。

そして1952年9月20日、シロアッフは予期せぬ自動車事故で突如モサド長官を退くことになった。同日夜、テルアビブからエルサレムへ移動中に彼の車が事故に巻き込まれて横転し、シロアッフは重傷を負うことになったのである。この事故によって、ベン＝グリオンは彼の辞任を認めるしかなかった。

シロアッフのモサド長官在任はわずか1年半と短いものであったが、彼の残したモサドは、次のハルエルの時代に確固たる評判を得るインテリジェンス組織へと成長するのである。シロアッフが構築したモサドとイスラエルの情報コミュニティーが、その後半世紀以上を経てほとんど大きな改編を経ずに現在まで続いていることを考えると、その遺産は大きかったと言えるであろう。

こうしてモサドはシロアッフによる創設の時代から、ハルエルによる飛躍の時代へと差し掛かるのである。

第二章　飛躍の時代

1．モサドとアマン

「メムネー」ハルエル

シロアッフの後を引き継いだイセル・ハルエルも、歴代のモサド長官の中では伝説的な人物である。ハルエルは初代シン・ベト長官を4年務めた後、シロアッフの後任として2代目モサド長官に収まり、シン・ベトにも影響力を持ったまま、11年もの長きにわたりモサドに君臨したのである。ハルエルもまたベン＝グリオンとの緊密な関係を構築し、イスラエルの情報コミュニティーにおいて絶大なる影響力を発揮することになる。

ハルエルは1912年、ベラルーシのビテプスクでイセル・ハルペリンの名で誕生した。第二次世界大戦が始まるとハルエルはシャイに身を投じ、そこでめきめきと頭角を現したのである。理論派のシロアッフに比べると、ハルエルは徹底した現場主義であり、どのような任務も厭わず引き受けそれを完遂した。そしてそのような活躍がベン＝グリオンの目

イセル・ハルエル。モサドの２代目長官として君臨した
写真 Saar Yaacov　The Government Press Office, Israel

に留まり、１９４８年には初代シン・ベト長官に抜擢されることになる。当時、ハルエルはまだ36歳であった。さらに4年後シロアッフの退任を受け、40歳にして２代目モサド長官に就任したのである。

さらにハルエルは自らが見出した腹心のアモス・マノルをシン・ベト長官に据えることによって、モサド、シン・ベト両機関に対して絶大なる影響力を持つことになったのである。これはアメリカで言えば、CIAと連邦捜査局（FBI）、イギリスで言えばMI6とMI5を一手にするようなものであり、大変強力な権力を手中におさめたことになる。ベン＝グリオンはこのようなハルエルに対して、「メムネー（統括者）」というニックネームを与えている。

モサドの歴史上、ハルエルは偉大なメム

ネーであったが、同時に陰の部分も持ち合わせていた。それはハルエルがその絶大な権力を、ベン＝グリオンの政治基盤確立という目的のために使用していたことである。イスラエルの政党政治は、１９４８年の独立から１９７７年まで、長らくマパイ（後の労働党）による一党優位の政権運営（ただし連立内閣）が続くことになる。もちろんイスラエルは民主主義国であるため、ヘルート（後のリクード）のような右派、共産主義（マキ）や宗教党（後のマフダル）などが混在していたが、このマパイ優位の基盤確立のためにハルエルはその権力を行使したのである。

ハルエルは与党マパイ以外の政党に対して、監視と弾圧を繰り返していた。まずは極右政党が調査され、その多くが弾圧を受けた。その中には後に首相となる、メナヘム・ベギンのヘルートも含まれている。さらに調査の手は左派政党にも及び、１９５３年には左派のマパム党本部に盗聴器が仕掛けられていたことが明るみに出ている。また政治家のみならず、官僚や軍幹部に対しても調査が行われ、外務省では何名かのスパイが検挙されている。

このようなハルエルの行為が、労働党とインテリジェンスの奇妙な紐帯を生み出したのである。モサドはその創設以来、長らく「労働党の情報機関」とも言える側面を備えており、１９７７年以降にリクードが政権を握り始めると、モサドはリクードとの関係に苦慮することとなるのである。

談した。1954年3月、ハルエルはアメリカを訪れ、CIA長官となったアレン・ダレスと会談した。当時、アメリカの情報コミュニティーにおけるCIAの立場は、軍部やFBIから見れば「新参者」に過ぎなかったため、対ソ連情報活動で何らかの成果を挙げる必要があった。その点、ソ連・東欧圏を含め世界中のユダヤ人ネットワークを掌握していたモサドとの協力は、CIAにとっても魅力的に映ったのである。

ハルエルの前任のシロアッフは、世界中、特に東欧圏からイスラエルに移住してくるユダヤ人から事情聴取を行い、それをCIAに提供し続けることを提案していたが、ハルエルはモサドがCIAに一方的に利用されていると思い、モサドとCIAの関係が対等なものでないことに不満を感じていた。ただし当時のイスラエルにアメリカを頼る以外の選択肢があまりなかったのもまた事実である。

ラヴォン事件

モサドとシン・ベトを自らの影響下に置いたハルエルにとって、最大の対抗勢力となったのは、軍事情報部であるアマンであった。元々イスラエルの情報コミュニティーは軍事組織であるハガナーを母体としているため、アマンの影響力は看過しえないものであった。逆にアマンから見てもモサドは任務上のライバルであった。1950年代にはアマンも、本来ならばモサドの仕事である海外での情報活動や破壊工作などを行っており、この点でアマンとモサドは衝突を繰り返したのである。ハルエルは事あるごとにアマンの対外情報活動に介入し、これをモサドの領域に組み込もうと奔走した。そしてそのような中、「ラヴォン事件」と呼ばれたスキャンダルが発覚するのである。

アマンもモサド同様、「131部隊」という秘密工作機関を有していたが、1951年5月、この組織のメンバーであったアヴラハム・ダルは来るべき戦争に備え、エジプトで情報収集網の構築を始めるよう命を受けたのである。ダルはカイロで4名、アレクサンドリアで7名もの現地国籍のユダヤ人達を集め、彼らに見えないインクや暗号通信、偵察や写真撮影の技術など秘密工作の訓練を施した。その中には後に伝説的なスパイとなるエリ・コーヘンも含まれていたのである。

一方、エジプトでは王制を廃したクーデターが生じ、民族主義運動が高まっていた。1954年当時、イギリスはスエズ運河一帯に駐留する部隊の撤退を迫られていたが、イスラエルにとってみれば英軍の存在は対エジプトという観点から重要であったため、同地域での混乱を演出して英軍の駐留を長引かせる必要があった。そしてこの状況を憂慮したイスラエルのピンハス・ラヴォン国防相は、アマン長官のベンヤミン・ジブリに対して、131部隊を使いエジプトで秘密工作を行うよう口頭で求めた。ちょうど前年にはCIAとMI6の工作によってイランのモサデク政権が転覆させられており、恐らくラヴォンはエジプトでもこの種の工作が可能だと考えたのであろう。

こうしてダルの後を継いだアヴラハム・エルアドの指揮の下で「スザンナ」と命名された破壊工作活動が開始された。エルアドは1952年に131部隊にリクルートされ、西ドイツで「ドイツ人ビジネスマン」、パウル・フランクの肩書きを得て、1954年頃からカイロで活動していたのである。しかしエルアドは窃盗のために彼の所属していた部隊から追放された経歴があり、あまり信用されていなかった。

エルアドの指揮したスザンナ作戦はエジプトの民族主義的なグループの仕業に見せかけてエジプトの軍施設、公共施設、米英の施設を爆破し、米英のエジプト不信を煽り立てる目的のものであった。まずは郵便局が標的として選ばれたが、作業のまずさから爆破に失敗し、損害は軽微に留まった。その後、カイロの米国施設や公共施設に対しても同様に爆破工作が試みられたが、どれも素人工作のため、期待したほどの成果はほとんど上がらなかったのである。それどころか爆破の実行犯がエジプト当局に逮捕されてしまったため、スザンナ作戦自体が頓挫してしまったのである。

さらにまずいことに、実行犯たちはこの種の工作の鉄則であるコンパートメント化の原則（お互いに連絡を取らず、知っていることを限定することによって組織全体を守る）に従わず、お互いが連絡を取ってしまったため、131部隊のメンバーは芋づる式に逮捕されることになる。その中には、マックス・ビネット少佐のような、スザンナ作戦には全く関与していないベテランの大物スパイも含まれていたのである。ビネットはエジプト当局の拷問、取調べの後、1954年12月に獄中自殺した。ビネットの他にも二人のメンバーが絞首刑、4名が長期の禁固刑を宣告されている。彼らが釈放されるのは、1967年の第三次中東戦争後の捕虜交換まで待たなければならなかった。

作戦を指揮したエルアド自身は、我先にとエジプト国外に脱出して難を逃れた。エジプト当局は欠席裁判を行い、彼に死刑の判決を下している。そしてこのようなアマンの失態に対して、イスラエル政府は沈黙を守り続けた。

この件に関しては謎が多く、未だに誰が指令を出したのかが明らかになっていない。イスラエル政府は1960年に「7人委員会」でこの問題を議論し、当時ラヴォン国防相は明確な指令を出していないことを認めた。しかし事件から半世紀後の2004年にようやく元アマン長官のジブリが重い口を開き、ラヴォンから口頭で指令が下ったことを仄めかしている。

また作戦の失敗の原因が、前線指揮を行ったエルアドにあったのではないかとの指摘もある。この件に関しても1958年の「アミアド委員会」において検討され、アマンの工作員であるはずのエルアドがエジプト側と繋がっていたことが明らかにされている。いずれにしても政府はこの事件を受けて、ダルがエジプトで雇ったような、イスラエル国籍以外のユダヤ人を情報活動に利用しないことを厳格に定めたのである。

他方、モサドのハルエルにとってラヴォン事件は、アマンがモサドの領分を侵した上に、派手に失敗した事例としか映らなかったようである。ハルエルはエルアドが裏切ったと確信していたようであった。事件の後、エルアドは再び西ドイツに派遣されたが、ハルエルは腹心のダヴィッド・キムへを現地に送り込み、エルアドを監視し続けた。そして終にキムへは、エルアドがエジプト情報部長官、オスマン・ヌリと接触した現場を押さえることに成功したのである。

こうしてエルアドはイスラエルに送還され、迅速な秘密裁判の後に12年の禁固刑に処されている。これはハルエルのアマンに対する勝利であった。ハルエルから見れば、アマンの素人工作はあまりにも迂闊すぎたのである。

ハルエルの反撃

当時モサドがCIAとの連携を深めていたのに対して、アマンはフランス情報部（SDECE）との関係を深めており、フランス情報部とのコンタクトはアマンを通さなければならなかった。ベン＝グリオン首相も対仏関係についてはイスラエル国防軍（IDF）とアマンに一任するような態度を示していたのである。

その理由は、イスラエルとフランスの関係は外交関係というよりは軍事関係の色彩が強く、また当時、イスラエル政府が喉から手が出るほど欲していたフランスの原子力技術を入手するには、軍・軍関係が望ましいとされたためである。イスラエル国防軍もこの原子

第二次中東戦争。シナイ半島カンタラ付近でエジプト軍の捕虜を移動させるイスラエル兵　写真 The Government Press Office, Israel

力技術導入の受け皿として、ハルエルにも知らせないまま1957年に「科学連絡事務局（ラカム）」という秘密機関を立ち上げている。

1956年10月29日、IDFは突如エジプトに侵攻することによって、第二次中東戦争（スエズ動乱）を引き起こした。この戦争のためにイスラエル政府は事前に英仏政府、特にフランス政府と話し合い、戦争の筋書きを綿密に練っていたのである。このイスラエルとフランスの結託については、戦争の直前、アンソニー・イーデン英首相の密使として、英仏イスラエルの会議に参加した、英合同情報委員会（JIC）委員長パトリック・ディーンの回想からも窺える。

ディーンは「どうやら彼らはエジプト

を攻撃することに決めているようだ。フランスとイスラエルはイギリスに対して（筆者注：戦争に参加しないのではないかと）不信を募らせている」と書き残している。

そもそもイスラエル首脳部は、1955年9月にエジプトのガマール・アブドゥン＝ナセル大統領が、チェコスロバキアから武器を輸入すると宣言したことに対して、危機感を募らせていた。ナセルの宣言は、エジプト軍がソ連製の最新兵器によって武装されることを示唆していたからである。この時IDF参謀総長であったモシェ・ダヤン将軍は、アマンからの見積に目を通し、「（エジプト軍の）規模は我々の想像をはるかに超えていた。エジプトには200機のミグ15戦闘機に275両のT－34戦車が配備されていたのである」と述懐している。このような懸念からイスラエルはエジプトへの先制攻撃を決定したのである。

この時、フランス側の情報機関とやり取りしていたのがアマンであり、ハルエルは終始蚊帳の外に置かれたままであった。ハルエルはモサドこそがフランス情報機関とやり取りするべきであると主張したが、それは認められなかった。ただしハルエルも戦争を傍観していたわけではない。彼自ら、イスラエル国内に構築されたアラブ側の情報網に対して、イスラエルの都市の防空設備は整っている、との偽情報を流していた。当時、テルアビブやエルサレムの防空設備はほとんど整備されておらず、さらにイスラエルの航空部隊も地上部隊の支援のため防空任務にまわせなかったため、もしエジプトからの爆撃にさらされた場合、これらの都市を守る術はほとんどなかったと言われている。

　前述したようにこの時期のイスラエル―フランス関係は、フランスの原子力技術供与という微妙な問題が関わっており、イスラエル政府はそれを最優先事項と見なしていた。イスラエルが国際世論を無視した先制攻撃を了承したのも、フランスに対する妥協の表れであった。戦術的にイスラエルの先制攻撃は成功したが、戦略的に見ればそれは世論の反発を引き起こしただけであり、イスラエルの国際的な評判を失墜させただけであった。そしてそれに加担した英仏も莫大な戦費をつぎ込み、自分たちがもはや超大国ではないことを証明しただけに終わった。

　ところがイスラエルはこの戦争に参加することにより、フランスから24メガワットの原子炉を手に入れることに成功したのである。この原子炉はネゲブ砂漠のディモナに建設され、その後、1980年代まで秘密裏に運用されることになる。イスラエルは名より実を取ったのである。ただしモサドのハルエルにしてみれば、アマンとのしこりだけが残った。

　1961年3月、ハルエルに更なる反撃の機会がやってきた。この時、フランスの体制に不満を持つ退役軍人、クロード・アルノー元大佐が、パリのイスラエル大使館付武官ウジ・ナルスキー大佐に対して、シャルル・ド・ゴール仏大統領暗殺計画の情報を伝えてきたのである。アルノー自身はド・ゴールの対アルジェリア政策に幻滅してフランス軍情報部を退官し、その後、あるカトリック宗派の組織に属していた。そこで彼はド・ゴール暗殺の計画が進められていることを察知したのである。なぜアルノーがこの情報をイスラエル側に伝えたのかその理由は判然としないが、とにかくこの情報はアマンを通じてイスラエル政府に伝えられたのである。

そしてこの情報をめぐってまたもやアマンはモサドと鋭く対立する。アマンは情報源を守るためこの一件を秘密裏に処理しようとしたが、ハルエルはこれを契機と見て、モサドの存在感を示そうとド・ゴール本人に対する警告を提案したのである。この件に関してはどちらも譲らなかったが、最終的にベン＝グリオンの決断により、ド・ゴールに対して一度だけ警告を発することになった。ベン＝グリオンはド・ゴールに恩を売ることによって、当時進められていた原子力開発に関わる交渉を優位に進めようと画策したのである。その結果、フランス当局はアルノーを逮捕してしまい、アマンは貴重な情報源の一つを失うことになってしまったのである。これはハルエルがアマンに与えた一撃であった。

2. スターリン批判

モサドの名前が知られるようになったのは、既述したように1956年にソ連共産党第一書記、ニキータ・フルシチョフが第20回共産党大会で行ったスターリン批判の内容を、西側情報機関に先駆けて入手したことからであった。ただしこれはむしろ防諜機関シン・ベトの功績であったと考えられている。シン・ベト長官、アモス・マノルは、共産圏からイスラエルへの移住者を監視するために、東欧圏に広範な情報網を持っており、フルシチョフ演説もそのような情報網の一つである、ワルシャワからもたらされたものであった。ワルシャワ在住の共産主義者、ステファン・スタシェフスキは、配布されたフルシチョフの演説草稿を読んで驚愕した。そこにはそれまで共産主義社会の神として崇められていたスターリンの悪行がフルシチョフによって暴露されていたのである。スタシェフスキはこの草稿を、ポーランド生まれのユダヤ人ジャーナリスト、フィリップ・ベンを通じ、シン・ベトに提供したのである。

ただマノルには入手した書類の重要性が判断できなかったため、シン・ベトの分析官達に書類を分析させ、それが最重要書類であり、かつ西側情報機関が懸命に捜していることを知った。4月13日にマノルはベン＝グリオンに、翌14日にはハルエルにこの書類を手渡した。さらにモサドは書類をＣＩＡのアングルトンに送り届け、ＣＩＡから「ニューヨーク・タイムズ」紙へのリークによって、世界中の人々は、有名なフルシチョフ演説について知ることになったのである。もしイスラエルが単独でこの情報を公表していれば、ソ連とイスラエルの関係は決定的に悪化していたと考えられる。このスターリン批判が明るみに出たことにより、国際共産主義運動の英雄であったスターリンの名は失墜したのである。

従ってフルシチョフ演説を入手したのは、直接的にはシン・ベトの功績であるが、一般にはモサドの功績であると信じられている。これはハルエル自身が事あるごとに、モサドがこの貴重な情報を入手したと公言し、彼の回顧録にもそのように書かれているからである。これに対してマノルは情報源に配慮して事の経緯を最後まで明かさなかったため、近年まで事の真相は明らかにならなかった。

3. 外周戦略

この時期、モサドがインテリジェンスの分野で活躍し始めたのは、イスラエル国家を取り巻く状況が一段落したこともある。1956年10月のスエズ動乱は、英仏側には深い失望をもたらしただけであるが、イスラエルにとっては近隣諸国との国境線がある程度確定したことで、モサドの存在目的も変化してくるのである。それまでのモサドの使命は、イスラエル国家の生き残りにあったのが、この時期になるとエジプトのナセルの提唱したような汎アラブ主義や共産主義の浸透を防ぐことに重点が置かれ始める。ハルエル自身もこの点を意識して「モサドの目的は、ナセル―ソ連の洪水を防ぐダムを作ることだ」と述べているのである。

　また1950年前後にイランやトルコがイスラエル国家を承認することで、イスラエルの潜在敵国であった周辺国家（シリア、エジプト、イラク）のその外側の国々との関係を構築する、いわゆる「外周戦略」の原型ができつつあった。外周戦略の基本的な考えは、四方を敵国に囲まれているイスラエルにとって、そのさらに外に位置するイラン、トルコ、スーダン、エチオピアとの協力を目指すというものであり、これは中国で言うところの「近攻遠交」に近い考え方である。

　まず1958年6月にモサドを退いていたシロアッフがトルコに飛び、モサドとトルコの防諜機関（TNSS）間の協力についての話し合いが進められ、8月にはベン＝グリオン首相とトルコのアドナン・メンデレス首相との間で極秘の情報協力協定が調印された。さらに同時期、今度はモサドとイランの防諜組織（SAVAK）との間にも同様の協定が結ばれたのである。

　これらの協定の目的は、対エジプト情報収集、及びイランやトルコにおける汎アラブ主義や共産主義勢力の監視にあった。この時期、イランやトルコ政府が最も恐れたのは、共産主義勢力によって自国の体制が転覆させられることであった。このイスラエル、イラン、トルコ間の情報協力体制は「トライデント」として知られており、1979年のイラン革命までこの関係は存続する。欧州やアメリカの情報機関もこのトライデントと情報を共有していたとされる。

さらにモサドは攻勢的な手段も採用し、潜在敵国であったイラク領内のクルド人勢力を支援し、イラクの体制に揺さぶりをかけていた。またモサドはレバノンのキリスト教マロン派との協力を重視し、同国のムスリムに対抗する勢力を育てる意味で1980年代まで支援を続けた。

モサドは、危険な隣国、ナセルのエジプトの南側に位置するスーダンも重要視していた。スーダン政府も同様にエジプトの膨張政策に脅威を感じていたのである。スーダン政府はナセル大統領と激しく対立したイギリスのイーデン政権に接触を試み、反エジプト工作を訴えたが、イギリス外務省の回答はこれ以上ナセルを刺激したくないというものであった。

しかしスーダンに同情的なイギリスのMI6の仲介によって、今度はモサドの手を借りることになった。1957年8月、イスラエルのゴルダ・メイア外相とスーダンのアブダラ・カリル首相がパリで密会し、両国の協力が謳われたのである。同じようにイスラエルとエチオピアとの関係も構築され、エチオピアにはモサドの工作員が続々と入国したのである。

4. アイヒマン捕獲

アイヒマン捕獲作戦

モサド初期の時代において最も成功したミッションは、1960年のアイヒマン捕獲作戦をおいて他にはないだろう。創設以降、モサドが秘密裏に行っていた活動の一つに、「ユダヤ人問題の最終的解決」、すなわちホロコーストに関わった元ナチス将校の居場所を突き止めることがあったが、アドルフ・アイヒマン元親衛隊（SS）中佐はその中でも最重要人物であると見られていた。アイヒマンは戦後、連合軍の追及を逃れ、リカルド・クレメントという偽名で、アルゼンチンに潜んでいたのである。

アイヒマン発見の情報は、1957年11月、西ドイツのユダヤ人検事、フリッツ・バウアーからもたらされた。ハルエルはこの情報を確認するため、翌年1月、モサド職員をブエノスアイレスに派遣したのである。しかしアイヒマンが潜んでいるとされた住居では、アイヒマンを確認することはできなかった。アイヒマンも自分自身の痕跡を注意深く消しながら、ブエノスアイレスに潜伏していたのである。

さらに3月、ハルエルは調査員を送り、バウアーの情報源となった現地のドイツ人、ユダヤ人コミュニティーと連絡を取りつつアイヒマンの情報を探らせた。この時手がかりとなったのが、アイヒマンの息子がそれとは知らずにユダヤ人女性と付き合っており、彼が度々自らの父親の正体について話していたことであった。モサドはアイヒマンに悟られることなくアイヒマンの息子の痕跡を追い続け、その調査のために2年が費やされた。

宅で、1960年3月、ついにモサドはブエノスアイレス郊外のガリバルディ通りに面した邸宅で、リカルド・クレメントと名乗って生活していたアイヒマンと思しき人物を見つけ出した。この時、アイヒマンはモサドの動きに気付いていない様子であった。3月21日、アイヒマンを監視し続けていたモサドは、アイヒマンが花束を抱えて自宅に戻り、そこで着飾った妻と歓談する様子を確認した。事前の調査で、この日がアイヒマンの銀婚式であることを摑んでいたモサドの監視者達は、この日の行動で彼がアイヒマンであることを確信したという。4月3日、モサドの調査員は超望遠レンズを装着したカメラで路上のアイヒマンを密かに撮影し、ハルエルに対してアイヒマン発見の報を届けたのである。

この報を受け、テルアビブのハルエルは自らが厳選した、ペーター・マルキンを中心とするチームを立ち上げ、作戦を練った。まず作戦立案の過程では、イスラエルから遠く離れたアルゼンチンにチームを派遣する作戦上の困難、そしてアルゼンチンの主権を侵すという外交上の困難が提起された。そもそもハルエルには写真の人物が本当にアイヒマンかという疑問を払拭しえなかったため、調査員に命じて過去アイヒマンに会ったことのある人物に次々と接触させたり、SSのアイヒマンに関する身体的特徴等の資料から写真の人物がアイヒマン当人であるかどうかの確認作業も進めていた。

その間にもアルゼンチンでは別働隊がアイヒマンを監視し、その行動パターンなどを調査していたのである。現地でアイヒマンは車の工場に勤務しており、毎日同じバスを利用して通勤していることが確認され、自宅とバス停の間でアイヒマンを捕獲する計画が練られた。

5月、ハルエルは現地指揮官としてラフィ・エイタンを抜擢し、彼をブエノスアイレスへ派遣した。現地でエイタンは痕跡を残さぬよう、何度も隠れ家《セーフ・ハウス》とレンタカーを借り換え、作戦実行の機会を窺っていたのである。そして作戦決行は5月11日と定められた。

アイヒマンはいつも決まった時刻の午後8時前に帰宅することが確認されていたため、マルキン率いる実行班は数台の車に分かれてアイヒマンの帰宅を待ち続けた。

そして午後8時過ぎ、アイヒマンの自宅付近で見張りを続けていたマルキン達は、バスを下車して自宅に向うアイヒマンを確認したのである。マルキンはアイヒマンの背後に忍び寄り、「すみません」と一言発した瞬間にアイヒマンを羽交い絞めにし、3人がかりで待機していた車に押し込んだ。そしてそのままアイヒマンはモサドの隠れ家に移送されたのである。そこで尋問が行われ、身体的特徴、SS時代の認識番号が確認され、本人もあっさりアイヒマン自身であることを認めた。

5月13日、テルアビブのハルエルの元に「アイヒマン捕獲」の報がもたらされ、ハルエルはベン＝グリオン首相やゴルダ・メイア外相にこの報を伝え、自らもブエノスアイレスに向った。

一方、現地のエイタン達は急いで行動しなければならなかった。アイヒマンを捕らえたとはいえ、ブエノスアイレスは元SS将校の巣窟であったし、妻のヴェラは夫が帰ってこないと警察に駆け込んでいた。また後にアイヒマンの息子が回想したところによると、父親はイスラエルのスパイにさらわれたと確信していたという。彼らはアイヒマンが狙われる理由を知っていたのである。

5月15日、アイヒマン移送のためにハルエルがブエノスアイレス入りした。ハルエルのアイヒマンに対する第一印象は、「どこにでもいるような男だった。彼が何百万人もの同胞を処刑したとは信じがたい」というものであった。アイヒマンはモサドの隠れ家で、読書や音楽を聴いて過ごしていたという。

5月19日、アルゼンチン独立記念日式典に出席するため、イスラエル政府の代表団がエル・アル航空によってブエノスアイレス入りした。ハルエル達はエル・アル航空の制服に身を包み、偽造パスポートを携えてこのエル・アル航空機に乗り込んだのである。アイヒマンは強力な鎮静剤を打たれて意識が朦朧とした状態であった。アイヒマンを移送するこの航空機はセネガルのダカールに給油のために立ち寄り、5月22日の早朝、テルアビブに到着したのである。

裁判

翌日、ベン＝グリオン首相はクネセト（国会）にて、アイヒマンを捕獲したことを公にしたのである。

「私は、イスラエルの機関がナチスの最重要戦犯の一人であるアドルフ・アイヒマンを見つけ出したことを報告しなければならない。アドルフ・アイヒマンはその他のナチス指導者と結託し、『ユダヤ人問題の最終的解決』、すなわち600万人ものユダヤ人を死に追いやった張本人である。アドルフ・アイヒマンは既にイスラエルで拘束されており、彼は間もなく法廷で裁かれることになるだろう」

このベン＝グリオンの演説は、イスラエルのみならず、全世界に衝撃を与えたのであった。しかし自国の主権を侵されたとするアルゼンチン政府は抗議を行い、国連の安全保障理事会に対してイスラエルの非を問うたが、メイア外相はこれを突っぱねた。6月23日に国連は安保理決議第138号を議決し、イスラエルがアルゼンチンからアイヒマンを連れ出した件に関しては、イスラエル政府がアルゼンチン政府に賠償金を支払うこと、アイヒマンの裁判に関しては、イスラエル国内において法律に基づいて行うということが勧告された。この決議を下敷きにして、両国間の外交的な話し合いが進められ、8月3日にはイスラエル・アルゼンチン政府の共同声明によって、イスラエルがこの勧告に従うことで二国間の問題は決着している。

独房で手紙を書くアイヒマン　写真 Milli John
The Government Press Office, Israel

１９６１年４月からエルサレムにおいてアイヒマンの裁判が行われた。その模様は全世界に中継され、またアイヒマン自身は防弾ガラスに囲まれた被告席に着席するという前代未聞のものであった。アイヒマンはユダヤ人虐殺に関して、「上からの命令に従っただけ」として無罪を主張したが、１９５０年にイスラエルで制定された「ナチス及びナチス協力者に対する法」により死刑判決が下された。そして１９６２年５月31日に刑が執行されたのである。これはイスラエルの裁判史上、唯一の死刑執行例となった。

このアイヒマン捕獲作戦は、モサドの歴史の中で最も成功したミッションであった。またアイヒマンを捕獲したマルキン自身も後に、『私が捕らえたアイヒマン（Eichmann in My Hands）』を記して有名になるが、恐らくこの作戦で最も困難であったのは、アルゼンチンでアイヒマンの足取りを辿ることであり、それを可能にしたのはモサドの執拗な調査と、世界中に張り巡らされたユダヤ人の情報ネットワークであったといえるだろう。そしてこのアイヒマン捕獲作戦によって、ハルエルの名声は絶頂に達したのである。

5. ダモクレス作戦

脅迫・暗殺

確かにアイヒマン捕獲作戦は成功裏に終わった。しかし国際法上、このミッションはアルゼンチンの主権を侵しており、モサドの海外工作はこのような危うい前提の下で行われたのである。しかもアイヒマン捕獲作戦の成功によって、ハルエルのモサドはより大胆な海外工作を行い、そして失敗するのである。これは今日、「ダモクレス作戦」として知られている。

天井から細い糸で吊り下げられたダモクレスの剣は、常にその下に立つ者に緊張感を与えると言われている。ハルエルはこの故事に倣い、イスラエルの頭上に吊り下げられた巨大な剣を、潜在敵国であるエジプトの頭上に据えようと画策したのである。

このダモクレス作戦においては、モサドによる「暗殺工作（Target Killing Operation）」が本格的に実行された。これはイスラエル国家の安全保障のためには暗殺も容認されるという考えに基づいたものであり、超法規的機関ともいえるモサドのオペレーションの一端が窺える作戦であるが、そもそもダモクレス作戦は問題の多い作戦であり、これがハルエルの命取りとなったのである。

1962年、モサドの情報網に、オーストリアの科学者、オットー・ヨクリクからの情報が引っかかった。その情報は、エジプトが「アイビスI」という計画の下で、地対地ミサイルを開発しており、その弾頭には放射性物質や化学兵器が搭載されうるというものであった。またこの開発には、第二次世界大戦中、V2ロケット計画に携わった多くのドイツ人科学者や技師の関与が疑われるとされていた。ハルエルはナチスの生き残りが、今度はエジプトと協力してイスラエルの絶滅を計画していると信じ込んだ。事態を重く見たハルエルは、ベン゠グリオンに対してこれら科学者の協力がイスラエルにとって危険極まりない、「ダモクレスの剣」であり、彼らの排除が必要だと主張する。しかし西ドイツ政府と外交問題を起こしたくないベン゠グリオンは、このハルエルの方針には乗り気ではなかった。

ところが強迫観念に取り付かれてしまったハルエルは、ほとんど独断的に「ダモクレス作戦」を発動したのである。これはミサイル開発に携わる科学者、技術者達を速やかに排除することを意図したものであった。

　現場主義のハルエルはパリに出向き、彼が武闘派組織「レヒ（シュテルン団）」から引き抜いた工作・暗殺要員、イツハク・シャミール（後の首相）に工作の指令を下した。ここで具体的にどのような指令が下されたのかは定かではないが、関係人物の排除に関する指令であったものと推察される。1962年9月、ミサイル開発への関与が疑われていたエジプトのイントラ社社長、ハインツ・クリュッゲ博士がミュンヘンで失踪することになる。その2か月後、モサドとアマンは小包爆弾をエジプトのミサイル基地に送りつけ、数名のドイツ人技師、及びエジプト人関係者を殺傷した。その脅迫効果は絶大であった。

　さらに1963年2月、西ドイツのレーラッハにおいて、シャミールの部下がハンス・クラインワフター博士を襲撃した。博士は第二次世界大戦中、ドイツのV2ロケットの開発に関係しており、この技術がエジプト政府に利用されることを防ぐためのミッションであった。しかしこの暗殺工作は失敗に終わる。

　ハルエルはこの作戦が失敗したらモサドの沽券に関わると考え、今度はハルエル自らがミッションに加わった。ハルエルと暗殺者達はクラインワフターの家の前に車を駐車して一晩張り込んだ末に、博士の運転する車を確認。暗殺者がターゲットの車に向けてマシンガンを掃射したが、距離が遠かったことから弾は車のフロントガラスをうまく貫通せず、また銃の作動不良も手伝って、奇跡的に博士は難を逃れた。

博士が後に警察に語ったところによると、「車には三人同乗しており、その内一人がいきなりピストルを撃った」そうである。運転手と射撃手を除けば、あとの一人はハルエルであったのだろう。しかしモサドはその後もミサイル、化学兵器に関係すると見られた技術者やその家族に脅迫状や手紙爆弾を送り続けた。

ウォルフガング・ロッツ

この時、エジプトにおいてドイツ人技術者の情報を集め、そのリストを作成していたのが、モサドの伝説的な情報員として活躍したウォルフガング・ロッツであった。ロッツは1921年にユダヤ人の母親とドイツ人の父親との間に生まれた。彼は16歳の時には既にハガナーのメンバーとして戦闘に参加しており、第二次世界大戦中には英国陸軍将校としてエジプトで活動し、主にドイツ兵捕虜の尋問にあたった。大戦後にはハガナーに復帰し、それからIDFで第一次、第二次中東戦争を戦っている。

ロッツは外見上生粋のゲルマン人のようであり、流暢なドイツ語も話せた。また彼は割礼を受けていなかったので、ドイツ語を話している限りはまずユダヤ人とはわからなかったために、1956年にアマンは彼を情報オフィサーとして雇い入れたのである。アマンは彼にスパイとしての技術やエジプトの歴史、風習などを叩き込み、翌年にはエジプトに

エジプト政府と軍を手玉に取ったウォルフガング・ロッツ
（1975年2月撮影）写真ＡＰ／アフロ

送り込む決定がなされた。その後、ロッツは１９５９年11月に「元ドイツ国防軍将校」の肩書きを得るために西ドイツで暮らし、１年後にはエジプトに渡って本格的な情報収集活動を始めた。

　カイロで彼は「元国防軍将校でドイツ人ビジネスマン兼馬の飼育家」という肩書きで、エジプトの社交界にデビューした。ロッツが馬の飼育家となったのは、エジプトの上流階級の多くが乗馬を趣味としており、乗馬クラブはそういった政財界の大物と知り合う機会を提供していたためである。ロッツ自身も後に「スパイに馬は欠かせない」という言葉を残している。

現にロッツはエジプトで初めて訪れた乗馬クラブで、エジプトの警察長官、ヨセフ・アリ・グラブ将軍と知り合いとなったのをきっかけに、エジプトの政財界への浸透に成功する。またロッツはカイロで多くの元ナチス将校とも顔なじみとなっていた。ロッツが「シャンペン・スパイ」と呼ばれたのは、エジプト社交界への浸透のために、大量のシャンペンを買い付けていたからである。

1963年にロッツはモサドに移り、ダモクレス作戦の指令を受けた。この時、ロッツは既にカイロ在住のドイツ人科学者のリスト、さらに外国に住む家族の住所まで入手していたのである。ただし当時からエジプトの監視の目は厳しく、外国人は例外なく秘密警察の監視下にあったと見てよい。その厳しさについてはあるイギリスの外交官が、「電話は盗聴されているし、会話もどこかで聞かれていた」と不平を漏らすほどであった。それでもロッツはその監視の目を掻い潜り、当時エジプト軍が「333計画」として進めていたミサイルシステムの電子制御装置の設計図までも入手して、モサドを喜ばせたのである。

またロッツの他にも、アーロン・モシェルがドイツ系ユダヤ人ジャーナリストとしてエジプトで活動していた。モシェルのスパイとしての活動はあまり明らかになっていないが、一度エジプト秘密警察の身分証を盗んでそれをモサドに渡している。モシェルもドイツ人科学者や技師を探す任務に携わっていた。

ハルエルの失策

しかしダモクレス作戦は1963年3月に明るみに出てしまう。カイロでミサイル開発に関係していると見られていたドイツ人技術者、パウル・ゲルケの娘、ハイジ・ゲルケを脅迫した罪で、モサドのヨセフ・ベンガルがスイスで逮捕されてしまったのである。ハイジも父親のパウルもエジプト政府関係者と男女の関係を持ち、ベンガルはその情報を掴んだ上でハイジを脅迫しようとしたが、逆に3月8日、バーゼルのホテルでスイス当局に逮捕される。そしてこの一件は思わぬ波紋を広げることになるのである。

3月15日に西ドイツ政府はベンガルの身柄引渡しをスイス政府に対して要求した。西ドイツ当局は、ベンガルがクラインワフター暗殺未遂に関わったのではないかと考えたようである。事が明るみに出てしまったため、ハルエルは子飼いのジャーナリストを通じて、マスコミに釈明したのである。しかしこれがハルエルの命取りとなった。

エジプトがイスラエルに対してミサイル攻撃を計画しているという話は、イスラエル全体をパニックに陥れるには十分であった。さらに当時のイスラエル政府は西ドイツとの関係構築に労力を注いでいたため、この一件は両国の良好な関係をぶち壊しにするものであり、これがベン゠グリオンを激怒させたのである。しかし当のハルエルにしてみれば、イスラエルの安全保障の確立こそが第一なのであり、西ドイツとの関係は二義的なものとしか映らなかった。

ダモクレス作戦の失敗によってハルエルとベン＝グリオンの関係は急速に悪化し、シモン・ペレス国防副大臣をはじめとする軍部は、この機会に乗じてハルエルを追い詰めようとする。それまでベン＝グリオン首相とハルエル、ベン＝グリオンとペレスは同じように親しい間柄であったが、ハルエルとペレスの関係は敵といってもよいほどのものであった。ここに来てハルエルと軍部との軋轢は最高潮に達していたのである。

ペレスは急遽国防省やアマンにエジプトのミサイル兵器の脅威についてレポートを提出するよう求めた。その結果は、ドイツ人科学者のミサイル開発への関与を示す確実な証拠はなく、アイビスI計画は既に頓挫していた、というものであった。さらに情報を検証したところ、最初のヨクリクの情報が曖昧なものであり、モサドはその曖昧な情報に立脚して作戦を進めてしまったのである。ハルエルは情報オフィサーの常として、情報源であるヨクリクの存在については秘匿していた。ところがペレスは自らの辞任を盾に、ヨクリクの身柄を引き渡すようハルエル、そしてベン＝グリオンに迫ったのである。

さらにハルエルは1952年から官房長官を務め、ベン＝グリオンの腹心でもあるテディー・コレックをも敵に回していたのである。コレックは第二次世界大戦中、ユダヤ機関政治局でシロアッフの部下として働いた経歴を持ち、自らも英国情報部とのリエゾンとして活躍した人物であった。コレックは以下のように書いている。

「イセル（・ハルエル）はいつもベン＝グリオンに直接、秘密裏に報告する。（中略）その結果、どのような情報が首相に報告されているのかチェックできない。いくらベン＝グリオンの信頼があっても、そのようなやり方は正当化されないのではないか」

ここにきてベン＝グリオンは、ハルエルに対して作戦を中止するよう命じた。しかしハルエルはこれに従わず、最終的には1963年3月25日、偉大なる「メムネー」ハルエルは辞表を提出するまでに追い込まれてしまったのである。ハルエルは最後までベン＝グリオンが自分を庇護してくれると信じていたようであるが、現実は厳しかった。本作戦においてハルエルこそがダモクレスの剣を突きつけられていたというのに、当の本人にはその自覚が欠けていたと言えよう。ハルエルの辞任によって、モサドの輝かしい一時代はここに幕を閉じることになる。

6. 第三次中東戦争

メイル・アミット

ハルエルの後任には、彼の宿敵ともいえるアマン長官、メイル・アミットが選ばれた。ハルエルが辞表を提出した翌日、アミットはテルアビブから遠く離れた死海にいたが、ベ

第３代長官メイル・アミット　写真 Moshe Milner
The Government Press Office, Israel

ン＝グリオンからの緊急の連絡とともにチャーターされた飛行機が、急遽アミットをテルアビブに連れ戻したのである。ベン＝グリオン首相の元を訪れたアミットには、状況が把握できていなかったが、首相はいきなりこう切り出した。「今から君はモサドの長官だ」。

アミットにとってこのベン＝グリオンの言葉は、青天の霹靂であった。確かにアミットはアマン長官であり、ハルエルのことを快くは思っていなかったが、まさか自分がハルエルの後任になるとは想像だにしなかったのである。実際、アミットがモサド長官を拝命することは様々な困難が予想されたために、できれば固辞したかったのであるが、職業軍人であるアミットにとって首相からの命令は絶対であった。こうして

3代目モサド長官、メイル・アミットが誕生したのである。

アミットは1921年にティベリアで生まれた。1948年の第一次中東戦争ではハガナーの指揮官として采配を振り、その後IDFで経験を積んだ生粋の軍人である。IDFでは「隻眼の」モシェ・ダヤン将軍に見出され、1962年から二度目の長官職を退いたヘルツォーグの後任としてアマン長官に抜擢されている。アミットはアマンとモサドの対立に苦慮し、両機関の協力に尽力してきたが、それはモサドのハルエルには受け入れられなかった。

初代長官シロアッフがインテリの秀才、2代目ハルエルが叩き上げの異能の持ち主であったとすれば、3代目のアミットは堅実な職業軍人である。ベン＝グリオンにしてみれば、アマン長官からモサド長官への抜擢は、アマンとモサドの確執を和らげられると期待したのであろう。しかしアミットにとって、ハルエルの築き上げたモサドを変えるのは並大抵のことではなかった。

実際、モサドの職員たちは、「メムネー」ハルエルの復帰を信じていたし、多くの工作員たちは辞職をちらつかせながらハルエルの辞任に抗議していたのである。そのためアミットにとっての最初の仕事はモサドの組織掌握であり、モサドからハルエルの影響力を排除して職員をアミットのやり方に従わせることにあった。アミットはダモクレス作戦に関する内部調査を命じ、ハルエルの行った数々の工作について詳細に検討したのである。

ハルエルは長官の身分にありながら、工作員達と現場に出向き、夜通しで張り込みを行うこともあり、モサドのオフィサー達はこのようなハルエルを理想の長官と考えていた。しかし軍人上がりのアミットにしてみれば、指揮官が現場で直接作戦行動に参加することは理解できないことであり、アミットはモサドを近代的な官僚組織へと変貌させることを決意したのである。

ちょうどイスラエルの政界においてもベン＝グリオンが首相職を辞任し、レヴィ・エシュコルが新たな首相となったことで、新風が吹き始めていた。アミットはエシュコルにモサドの予算を増額してもらい、それによってモサドの組織改革に弾みがついたのである。アミットはアメリカのコロンビア大学で経営学の学士号も取得していたため、テルアビブのモサド本部を古いオフィスから新しく豪華なオフィスに移して、アメリカ式の組織運営によってモサドを統括しようとした。ちょうどこの頃に「モサド」という名称が使用されることとなったのである。

スパイの採用に関しても、ハルエルのように口コミと直感に頼るのではなく、きちんとした学歴を有した者を優先的に採用しようとしたのである。またアミットはかつてラヴォン事件の不祥事を起こしたアマンの131部隊の後継、188部隊をモサドに編入させることによって、モサドのヒュミント（人的情報収集）能力を高めようとした。この編入によってようやくモサドが一元的に外国情報を取り扱うことができるようになったのである。

アミットはモサドからダモクレス作戦のようないかがわしい秘密工作活動を廃し、ヒュミントを駆使した情報収集活動に重きを置くようになった。

ベン・バルカ事件

しかしハルエルも粘り強くモサドの外から抵抗した。1965年9月、ハルエルはエシュコル首相の顧問として情報コミュニティーに復帰しており、アミットとの対立が再燃しそうな状況であった。ちょうどこの頃、モサドはモロッコの反政府指導者である、メフディ・ベン・バルカを追っており、この一件がモサドのスキャンダルに発展する恐れがあったのである。

ベン・バルカは1950年代にモロッコ人民勢力全国同盟を率いて反政府活動及びモロッコ王室の転覆を画策していた。モロッコの裁判所はベン・バルカの反政府過激活動を犯罪と見なして、本人不在のまま死刑を宣告しており、この判決のためベン・バルカは欧州に潜伏することを余儀なくされていた。ハッサン2世は内務大臣、ムハンマド・オフキル将軍にベン・バルカ捕獲を命じていたが、オフキル将軍はベン・バルカの所在すら摑むことができず、旧友であるモサド長官、アミットに対して支援を求めていたのである。当時のモロッコ政府は表面上、反イスラエルの立場であったため、モサドは秘密裏に行動しなければならなかった。

１９６５年10月29日、モサドのエージェントがジュネーブに潜伏中のベン・バルカとの接触に成功し、彼をパリに誘い出した。しかしモロッコの情報機関はパリでベン・バルカを引き渡されるや否や、そのまま銃殺刑に処してしまったと言われている。パリにおいてそのような暗殺が行われたことを知ったド・ゴール大統領は激怒して、ただちにパリに滞在するすべてのモサド職員を退去させたのである。当時、この一件は何とか表沙汰にはならなかったが、その代償としてモサドは、ハルエルが苦労して築いたパリの拠点を失うこととなった。

ハルエルはこの「ベン・バルカ事件」の失態を取り上げ、アミットを批判した。アミットはこの作戦がエシュコル首相からの指令であると主張したが、ハルエルはそれを認めなかった。ハルエルはかつての部下たちを使ってモサドの機密にアクセスし、何度もアミットを失脚させようと試みたのである。このハルエルの攻勢によって、イスラエルの情報コミュニティーは二分されるかに見えたが、結果的にはアミットは生き延びた。理由は、アラブ諸国との戦争が目前に迫っており、モサドの体制を議論している場合ではなかったからである。

第三次中東戦争

アミットの時代に生じた１９６７年６月の第三次中東戦争（六日間戦争）は、アミットが改革したモサドの情報収集能力を本格的に試す契機となった。戦争自体はたった6日間の戦闘でイスラエルの勝利に終わったが、この勝利の陰にはモサドによる戦術的な情報収集や、アメリカへの根回しなどが密かに行われていたのである。

この戦争の原因はもちろんパレスチナ問題であるが、直接の契機はこの地域の水利問題——イスラエル、シリア、ヨルダン国境の間を縫うように流れるヨルダン河の治水権にあった。1964年にイスラエルは大規模な農業地開発のためにヨルダン河の水源であるガリラヤ湖にダムを設置、しかし同時期にヨルダンも河岸工事によって分水路を設け、水の流れをヨルダン側に向ける工事を施した。このヨルダン側の治水行為によって、イスラエル側への水資源の供給が3～4割も減少したと言われている。イスラエルにとってこの水資源問題は死活的と映ったようであり、1965年になるとIDFの部隊を動員して強引にこの分水路を数次に渡って攻撃したのである。

このイスラエルの軍事行動はヨルダン側の反発を引き起こし、イスラエル・ヨルダン国境で武力衝突が頻発するようになる。そしてこの衝突にパレスチナ解放機構（PLO）が絡んでくることによって、ますます暴力の連鎖が鮮明となる。そしてそのような中で、1966年11月11日、イスラエルの国境警備隊9名がPLO側が仕掛けたと見られる地雷によって死傷する事件が生じた。2日後、IDFはPLOへの攻撃を口実に機甲部隊をヨルダン河西岸に進撃させ、パレスチナ難民を多数抱えていたサム村を攻撃したのである。このイスラエルの行為は、ヨルダンに対する宣戦布告同然であり、国連の安全保障理事会は安保理決議第228号によってイスラエルの軍事行動を非難した。

このIDFの行為は、イスラエル、ヨルダンと国境を接するシリアをも刺激し、1967年4月にはシリア軍がイスラエル国境に対して砲撃を始めたのである。4月7日、シリア側の迫撃砲を爆撃するために出撃したイスラエル空軍のミラージュⅢ戦闘機は、これを迎え撃つためにスクランブル発進をしたシリア空軍のミグ21戦闘機と交戦し、6機のミグが撃墜されるという戦闘まで生じている。当時シリアはエジプトと相互防衛協定を結んでいたため、イスラエルとシリアの戦闘行為は、ナセルのエジプトにも介入の機会を与えたのである。そしてシリア、エジプトの裏にはソ連からの支援があった。5月13日、ソ連はシリアに対してIDFの部隊がシリア国境に集結中、すなわちイスラエルとシリアの全面戦争が近いと伝えたが、これは誤った情報であった。

ところがこの情報を基にエジプトは、5月22日、すべてのイスラエル国籍の船舶によるチラン海峡航行の禁止を宣言してしまう。チラン海峡は紅海とアカバ湾を結ぶ戦略的要衝であったが、同時にすべての国の船舶に航行を許された国際水路であると考えられており、エジプト一国による海峡封鎖宣言は国際法的に微妙な問題であった。またイスラエルにとってチラン海峡は、南方の紅海への航路となっていた。その翌日、イスラエル政府はエジプトの行為が敵対行為にあたり、もし海峡封鎖が解かれない場合、エジプトに対して攻撃を仕掛け、本格的な戦闘に突入することを閣議で決定したのである。この頃、アマン長官であるアハロン・ヤリヴは以下のように報告していた。

「南方のシナイ半島においてエジプト軍が大規模な動員をかけており、彼らはイスラエルとの対決が不可避であると考えている。クウェート軍の部隊もそれに追随してきている。イラク、リビア、スーダンもエジプトに援軍を送る予定である」

実際、エジプト軍はシナイ半島に10万の兵力と1000台近い戦車を、シリア軍は8万の兵力と300台の戦車を国境付近に展開しており、状況はかなり切迫していた。この危機の最中、国防大臣に任命されたモシェ・ダヤンは、アラブ諸国の包囲網を突破するには、IDFによる先制攻撃が不可欠であることを説いたのである。モサドのアミット長官も、IDFの部隊動員を正当化するために、アラブ側の軍勢が集結しつつあることを撮影した航空写真を公開してはどうかと提案しているが、エシュコル首相はこれを却下した。

エシュコルにとっての懸案はアメリカ政府の意向にあり、イスラエル単独のスタンド・プレーは好ましくなかった。アメリカの顰蹙を買った第二次中東戦争（スエズ動乱）の二の舞を恐れるエシュコル首相は、事前にアメリカの意向を知ることを最優先事項としたのである。

既に5月26日にアッバ・エバン外相がワシントンを訪れ、リンドン・ジョンソン大統領やディーン・ラスク国務長官に対して、48時間以内に開戦の可能性があるとの説明を行っていたが、アメリカ側はCIAの情報見積を基にしており、エジプト、シリア軍の攻撃準備はいずれ整うであろうが、事態はそれほど逼迫していない、との意見であった。またCIAの見積では、数こそアラブ側の兵力は圧倒的であるが、装備や練度はIDFが遥かに勝っており、開戦となっても互角の戦いになると考えられたため、この段階でアメリカがイスラエルの先制攻撃をどう捉えるかは微妙であった。しかしその後、モサド長官のアミットが首相直属の情報官として、エシュコルの開戦決断に決定的な役割を果たすこととなる。

6月1日、アミットは急遽ワシントンに飛び、リチャード・ヘルムズCIA長官やロバート・マクナマラ国防長官をはじめとする政府高官と接触、イスラエル側の情報見積を再びアメリカ側に伝えた。今回のアミットの説明によって、アメリカ側も状況が切迫していることをようやく把握するに至る。当時のアメリカはベトナム戦争を戦っており、実質的な支援はできないということであったが、ヘルムズはソ連の援助を受けるエジプトのナセル政権を追い詰めることができるなら、という理由でイスラエルには協力的であった。

同日、アミットはエルサレムのエバン外相に対して、「アメリカはイスラエルを支持するだろう」という趣旨の文書を送信している。このヘルムズとの会談を通じてアミットはアメリカがイスラエルの先制攻撃を容認するとの見通しを立て、ヘルムズに先制攻撃の可能性を示唆した。実際、ヘルムズはアミットの意見に反対しなかった。翌日、ジョンソン大統領は、イスラエルが数日以内に攻勢に出る見通しであるとヘルムズから知らされている。

3日夕方、アミットはアヴラハム・ハルマン駐米大使とともにテルアビブに戻り、エシュコル邸を訪れた。既にそこにはダヤン国防相をはじめとする政軍の首脳が集まっており、アミットの報告を最終的な判断材料とすることになっていた。アミットは、アラブ側の攻勢が迫っているという点でイスラエルとアメリカの情勢判断が一致したこと、そしてアメリカはイスラエルの立場を理解していることを説明した。アミットは当時アメリカの極秘情報とされていた衛星からの偵察写真まで携えており、近隣諸国の部隊配備が進んでいることを明確に示すことができたのである。ダヤンはこの時の様子を以下のように回想している。

「彼（アミット）の個人的な結論は、アメリカは何も手を貸さないだろうということであった（中略）。しかしこれは我々が戦争に訴えたとしても、何もしないという意味である。もしかしたら国連の安保理などを利用して、アメリカは政治的に我々を援護してくれるかもしれない。（中略）エシュコルも戦争が不可避であることを覚悟した」

第三次中東戦争で先制攻撃を受けて
地上で破壊されたエジプト軍のミグ21
写真 The Government Press Office, Israel

そして翌朝、エルサレムにおいて閣僚級の国防委員会が開催され、エシュコルは改めて先制攻撃による戦争方針を確認した。この段階で既にエシュコルは軍に対して、戦争開始のタイミングと場所、手段が決まり次第戦端を開くよう命じていたのである。賽は投げられたのであった。6月5日午前8時45分、IDFは対エジプト空軍攻撃のための「フォーカス作戦」を発動したのである。

第三次中東戦争に際して、モサドはCIAとの関係を通じ、イスラエルとアメリカの外交関係を裏から調整していた。一般的に、国際政治を表の外交のみによって動かすのに困難が生じる場合にはやはり裏からの根回しが必要であり、イスラエルでは首相に直属するモサド長官がその任を担っていたといえる。特にモサドはCIAとの関係を通じて、アメリカの政策決定者に対して働きかけを行うことができた。

そして戦争が始まると、イスラエル空軍は、シリア、エジプト、ヨルダン、イラクのミグ戦闘機に対して戦闘を仕掛けてこれらを徹底的に破壊し、わずか一日で制空権を奪うことに成功したのである。この電撃的な作戦も、モサドによる情報活動が少なからず貢献していたのである。

ミグ21

アミットがモサドの長官に就任して間もない1963年中頃、イスラエル空軍司令官、エゼル・ワイツマン将軍からアミットに対して、ソ連製ミグ21戦闘機の性能に関する調査が依頼された。同戦闘機は1959年から量産され始めた当時最新鋭の兵器であり、早くもエジプト、シリア、イラクに配備されつつあるとの噂が立っていた。ミグの配備は将来的にイスラエルの脅威になりうると認識されたのである。

実はモサドは既に1950年代後半からカイロでこの種の情報収集活動の下準備を進めていた。この情報収集活動はカイロ育ちのアメリカ人、ジャック・トーマスによって行われていたのである。

トーマス自身はモサドのオフィサーではなかったが、カイロで知り合った彼の友人、エミルがモサドのオフィサーだったのである。トーマスは反ナセル的な思想の持ち主であったため、スパイとして戸惑うことなくエミルに協力することとなった。トーマスは妻キャシーとともにカイロでのスパイ網を構築し、テルアビブからの指令に備えていたのである。

1960年5月、トーマスは、将来の情報収集のために、エジプト軍将校のスパイを獲得せよとの指令を受けた。彼はあるエジプト空軍の将校に「100万ドルでミグ戦闘機を入手できないか」とスパイへのリクルートを持ちかけたが、これが命取りとなった。この将校は早速上司に報告し、1962年12月、トーマス夫妻は絞首刑に処されたのである。

しかしIDFは何としてもミグに関する情報、できれば現物を手に入れたがっていた。1964年にエジプト空軍のヒルミ大尉が軍用機でイスラエルに亡命してきたが、それは時代遅れのヤク11練習機であり、軍部はこれに何の関心も抱かなかった。

1964年、モサドはイラク空軍にコネを持つヨゼフという名のイラク系ユダヤ商人をエージェントとして雇うことに成功した。ヨゼフからの情報によると、キルクーク近辺の基地に赴任していたムニール・レドファというイラク人パイロットが、クルド人制圧のためにミグを操縦する任務に就いていたが、彼はレバノンに普及しているマロン派キリスト教徒であったため、部隊内で冷遇されていた上に、彼の家族や友人は監視されていた。さらにはクルド人を爆撃する任務に嫌気がさしていたとのことであった。

アミットはレドファの真意を図りかねていたために、モサドがバグダッドで重用しているアメリカ人女性のエージェントにレドファへの接触を依頼した。双方ともに家族がいたが、レドファはこの女性と関係を持ち、休暇を利用して二人はイスラエルへ旅行に出かけた。そこでレドファはモサド、及び空軍の関係者と面会し、100万ドルの報酬と家族の安全な国外脱出を条件に、ミグを引き渡すことに同意したのである。

レドファは彼の家族が国外脱出できるタイミング、そして自身の機体がイスラエルまで飛べる条件が整うまで待たなければならなかった。上官から信用されていなかったため、いつも彼のミグには燃料が満載されることがなかったのである。その間にもモサドのオフィサーがイラク入りし、レドファの家族を脱出させる手はずを整えつつあった。レドファの家族はモサドの用意した車でイランに出国し、そこから航空機でイスラエルに送り届けられる計画であった。ちょうどレドファ自身も1966年にはバグダッド近郊のラシッド基地に転属となり、後は長距離飛行の訓練の機会を待てばよかった。

同年8月16日、ラシッド基地を離陸したレドファのミグは、真っ直ぐバグダッドに向い、その後方向転換してイスラエル側に、イラクのレーダー網をジグザグ飛行で掻い潜りながら国外逃亡を敢行したのである。この時、ヨルダンの航空管制レーダーがこの機体を未確認機としてシリア空軍に連絡したが、シリア側からは、シリアの航空機が訓練中との返答であった。こうしてレドファは、イスラエル空軍のミラージュ機にエスコートされながら

イスラエルによってイラクから奪われたミグ21。
独立記念日のパレードにて　写真 Fritz Cohen
The Government Press Office, Israel

無事イスラエル入りしたのである。

　ここでミグの実物を入手し徹底的に分析したことが、第三次中東戦争の緒戦に活かされることになる。当時西側でミグ21を入手したのはイスラエルが初めてであり、これによってアミットのモサドは国内外から絶賛されることになる。そしてこの機体はCIAを通じてアメリカ空軍にも貸与され、そこでもソ連製ミグ戦闘機は徹底的に分析されたのである。

エリ・コーヘン

　またこの戦争の前にモサドのオフィサー、エリ・コーヘンが活躍したこともよく知られている。既述したように、アミットがモサドを引き継いだ際、軍事情報部アマンのヒュミント組織である188

部隊もモサドに移されている。この時、１８８部隊にいたのがコーヘンであり、彼はモサドのオフィサーとして貴重な情報をイスラエルに伝えることとなる。

コーヘンはエジプト生まれのユダヤ人であり、イスラエル移住後、ＩＤＦに参加、そして１９５０年代には１８８部隊の前身である１３１部隊でスパイとしての訓練を受け、優秀であるとの評価を得た。

１９６１年2月、コーヘンは「メナシェ」というコードネームで、まずはアルゼンチンに向った。アルゼンチンではシリア系アルゼンチン人、カマル・アミン・タビトとして活動し、現地のシリア人の有力者達と懇意となった。その中には2年後にシリアの大統領となるアミン・アル＝ハーフィズも含まれていたと言われている。１９６２年1月、アルゼンチンでシリア人脈を築いたコーヘンはシリアに乗り込み、そこで貿易商として辣腕を振るった。

同年9月、コーヘンは友人の手引きでゴラン高原のシリア軍要塞施設やシリア軍の配置状況を視察し、また機密文書のコピーをモサドやアマンに送ることに成功した。そこにはシリア軍の配備状況や装備が事細かく記されており、モサドはこの情報を最重要視し、彼の情報収集活動に対する期待は過度に高まることとなる。

１９６３年3月にコーヘンはテルアビブにおいてアミットに直接面会し、ブリーフィングを行ったようである。これらの視察情報が、１９６７年の戦争において威力を発揮した

シリア中枢の情報を引き出したが、最終的に処刑されたエリ・コーヘン
写真 The Government Press Office, Israel

ことは確かである。またコーヘンがゴラン高原を訪れた際、陣地を隠し兵士を日射病から守るためにユーカリの木を植えることを進言し、戦争が始まるとイスラエル空軍はそのユーカリを目標に爆撃を行ったという逸話が残っている。

1965年1月18日、コーヘンはシリアの防諜機関に逮捕された。摘発に関しては、ソ連軍参謀本部情報総局（GRU）から提供された無線探知機と専門のスパイキャッチャーの協力によって、彼の活動が露呈したようである。ソ連はアラブの同盟諸国から自分たちの軍事機密が漏洩することを警戒し、GRUやソ連国家保安委員会（KGB）の専門官が各国でスパイキャッチャーの指導にあたっていたのである。

コーヘンの失敗は、彼がシリアでの情報

収集活動に専念しすぎ、その結果テルアビブへの無線通信を多用したことであった。コーヘンは電話代わりにも無線を使用しており、その頻度は半年の間に100回以上もあったと言われている。そして、この無線の乱用がシリア側の無線探知機に引っかかってしまったようである。コーヘンの逮捕と同時に、その情報網についても徹底的な調査が行われたが、彼への協力者は500人を下らなかったという。

モサドはローマ教皇パウロ6世やベルギー王室、国際赤十字などを通じてコーヘンを救おうと試みたが失敗し、5月18日に公開刑に処されてしまった。アミット長官は処刑の報を聞くや落胆し、モサドによる追悼式で以下のように語った。

「我々の仕事では、いつも人間の能力の限界を思い知らされる。しかしエリ（・コーヘン）はそのような限界を受け入れなかった。彼は純粋に理想主義者であり、常に上を求めていた。彼は誰よりも前に進んだのだ」

モサドのヒュミント網

その他にもモサドは多くのオフィサーを抱えていた。例えば同じ頃、ベンヤイル・シャルティィエルはエジプトで活動していた。英仏語とアラビア語が堪能なシャルティィエルは、後に首相となるイツハク・シャミールの友人でもあり、1950年代にシャミールとともにモサドに身を投じている。1960年、シャルティィエルは家畜の専門家としてエジプト入りし、エジプト政府の食肉担当の顧問にまで収まることとなる。こうして戦争が始まるまで彼はエジプト中の基地を視察し、その情報を逐一モサドに届けた。特に開戦後に爆撃目標となるエジプト軍の軍事施設の位置を詳細に知らせたことが重要であったといわれている。彼は1962年にモサドを退官しているため、1967年6月にイスラエル空軍がエジプトの軍事施設を爆撃する頃には既にエジプトからは退避していたのである。

この頃、逆にエジプト側は元IDF将校のモルデハイ・ルークを雇い、スパイとして利用していた。ルークは1961年にガザ地区でエジプト情報機関に拘束され、エジプト側のスパイとなるよう説得された。彼は1年間エジプトで訓練を受けた後、1962年からエジプト人、ムハンマド・ハムディ・ハバルとして欧州で活動し、欧州に散らばるユダヤ人ネットワークからイスラエルに関する情報や、モサドに協力する人物のリストなどを作成していたのである。

モサドはこの人物に対する監視を怠らなかった。モサドはルークを泳がすことによって、エジプトに関する情報活動を行っていたのである。しかしエジプト側も彼がモサドの二重スパイではないかと疑い始めていた。エジプト情報機関はルークをローマのエジプト大使館に呼びつけようとしたが、彼は身の危険を感じてこれを拒否している。

1964年11月17日、エジプト情報機関は突然ルークを拉致し、巨大なトランクケースに詰め込んだ上に、「外交用郵便袋　開けるべからず」との注意書きを添えて航空便に放り込もうとしたのである。ところが空港の従業員がトランクケースの中から男性のうめき声がしていることに気が付き、この荷物を調べたところ、中からルークが発見され、彼は一命を取りとめた。そしてモサドよりも先にイタリア当局がルークの身柄を拘束し、彼をイスラエルへ強制送還した。イスラエルにおいてルークはスパイ行為の罪で11年の懲役に処されている。

シギント

第三次中東戦争においては、モサドのヒュミント網に加え、アマンのシギント（通信傍受情報）も効果的に機能していた。1967年6月6日、アマンの通信情報部はエジプトのナセル大統領とヨルダンのフセイン国王の電話による会話を盗聴しており、この会話からエジプト軍の航空部隊が壊滅的状況にあるのは明らかであった。早速ダヤン国防相はこの会話のテープを公開し、アラブ側の厭戦気分を煽ったのである。

また同日午後、エジプト軍の通信を傍受・解読することで、ナセルが部隊をシナイ半島南部からスエズ運河まで退却させるよう命令したことが明らかになった。そのためIDF部隊は、シナイ半島に割いていた部隊を急遽北方のシリアに向けることが可能となったのである。三日後、イスラエルはシリア領であったゴラン高原を占領することに成功している。

１９６７年の戦争に際し、モサドは作戦上必要な情報を的確に集め、それを軍部に提供し続けた。特に１９６４年にはヨルダンでＰＬＯが結成され、その影響力が隣国のシリアにも及んだことは、イスラエルの安全保障上見過ごせないことであり、モサドはこれら隣国の政治状況を把握することに努めたのである。

第三章　試練の時代

1.「黒い九月」と神の怒り

「御し易い」人物

第三次中東戦争の劇的な勝利によって、アミットのモサドもその存在価値を認められた。しかし行き過ぎた成功は、周りの妬みや警戒感を生じさせるものである。1968年に任期切れとなったアミットは、エシュコル首相に対して2期目の長官職を希望したが、それは叶えられなかった。その原因はアミットがモサドを掌握し、アマンにも影響力を持っていることが危険であると見られたからであろう。かつてモサドとシャバク（シン・ベト）を掌握した「メムネー」ハルエルも増長しすぎた結果、最後にはベン＝グリオンやペレスと対立してしまった。アミットは彼の前任者たちとは異なりモサド長官を退任すると、政治家に転じている。1977年以降、運輸相や通信相といった政府の要職にも就き、現在でもイスラエルの情報コミュニティーのご意見番的地位にある。

ツヴィ・ザミール（左）と二度首相を務めたイツハク・シャミール（右）。
1987年、首相官邸にて　写真 Ayalon Maggi
The Government Press Office, Israel

アミットの後任にはイスラエル国防軍（ＩＤＦ）のツヴィ・ザミール少将が選ばれた。これまで情報に関わったことのないこの人物がモサド長官に選ばれた理由は明白であった。それは労働党の政治家にとって彼が「御し易い」人物だと思われていたためである。シロアッフ、ハルエル、アミットはそれぞれ強烈な個性があり、ややもすれば政治家にとって危険な存在となる可能性を秘めていた。その点、ザミールは地味で安全な人物として認識されていたが、その任期中にはミュンヘンオリンピック事件や第四次中東戦争といった厄介な問題が生じるのである。

ザミールは１９２５年ポーランドに生まれ、家族とともにパレスチナに移住してきた。1948年の第一次中東戦争で国防軍に参加して以来、その後堅実にキャリアを進め、1960年には少将としてIDFの教育・訓練の責任者となっていた。その後、駐英武官を務め、1968年には退官している。従ってザミールにはインテリジェンスの経験がほとんどなかったと言ってよいにも拘わらず、4代目のモサド長官として抜擢されたのである。

テロの時代

1964年1月、エジプトのナセルはアラブ諸国の指導者をカイロに招き、PLOの設立を宣言、同年5月にはヨルダンで同組織が結成される。1967年の第三次中東戦争でエジプトとシリアは大きな痛手を被ったが、その2年後、ヤーセル・アラファートがPLOの議長に就任することで、反イスラエル闘争が本格化していく。そのためモサドの任務にもPLOのテロ組織の監視が加えられたが、テロに関しては国内防諜を担当するシャバクの管轄と見られており、国際テロ活動にまで手を伸ばし始めたシャバクは、モサドと縄張り争いを起こすようになる。モサドは国外でPLO、国内ではシャバクからの挑戦に直面していたのである。

1968年7月23日、ローマからテルアビブに向うエル・アル航空機がPLOの下部組織であるパレスチナ解放人民戦線（PFLP）にハイジャックされ、イスラエル政府は人質と交換に収容中の15人のテロリストの解放を強いられた。この事件を機にエル・アル航空は武装した「元軍人」を同乗させることになったが、同年12月にも再びエル・アル航空機を狙ったテロが発生し、イスラエル人3名が死傷した。さらにPFLPは1969年8月、1970年9月にもハイジャックを起こしたが、PLOはこれらのハイジャックが原因でヨルダンを追放されてしまった。これを機に、PLO最大派閥のファタハがテロ組織「黒い九月」を結成し、イスラエルに対するテロの機会を窺うことになる。

PLOの「赤い王子」

当時中東で様々なテロの黒幕として暗躍していたのが、アリー・ハッサン・サラメ（サラーマ）であった。サラメは1940年にパレスチナの裕福な家庭に生を受けたが、彼の父親は第一次中東戦争の際にパレスチナ側の司令官として戦死している。サラメはカイロ、及びモスクワでテロリストとしての訓練を積みファタハに身を投じた。そしていつの間にかサラメは、英雄ハッサン・サラメの息子としての出生とそのカリスマ性から、パレスチナの若者の間で「赤い王子」と呼ばれるようになっていたのである。

1970年にヨルダンのフセイン国王がPLOの締め出しを図ったことに反発して、「黒い九月」が結成されると、サラメは同組織の幹部に祭り上げられたのである。早速サラメは特務工作部門、「17部隊」を結成し、シリアやレバノンにおけるテロを敢行し、ヨ

アリー・ハッサン・サラメ（サラーマ）

ルダンのワスフィー・アッタル首相までが殺害される事態となった。またこの「17部隊」はアラファートの身辺警護も任務としており、1980年代にはPLOの特務工作・暗殺を専門とする一大部局に拡大していく。しかしこれら組織はヨルダンの体制転覆を狙って結成されたものであり、モサドはこの組織をそれ程警戒していなかったのである。

1972年5月8日、「黒い九月」はベルギーのサベナ航空機をハイジャックしてテルアビブのロッド空港に着陸させることで、イスラエルに宣戦布告することとなった。ここで実行犯2名は射殺されたが、モサドにとって「黒い九月」は未知の存在であった。このハイジャックの失敗によって、PFLP及び「黒い九月」は日本赤軍にもテルアビブのロッド空港を襲撃するよう依頼しており、これが1972年5月30

テルアビブのロッド空港に着陸させられたサベナ航空機。
手前はイスラエル兵　写真 Moshe Milner
The Government Press Office, Israel

日の日本赤軍による空港乱射事件へと繫がるのである。

モサドは逮捕したメンバーへの尋問から、ハイジャックの黒幕に「黒い九月」と「17部隊」の指導者である、アリー・ハッサン・サラメの関与があったことを突き止めたが、サラメを取り押さえることはできなかった。モサドはサラメに関する調査を進め、彼が大変知的かつ用心深い人物で、英仏独語を操るという事実まで突き止めたが、やはり肝心の居場所を特定することはできなかったのである。この頃、サラメは各地でのテロ活動のため、常に欧州と中東を行き来しており、彼を取り押さえるのは困難であったといえる。

イスラエル宿舎を襲撃しマスクをして様子を見るパレスチナゲリラ
写真 Everett Collection／アフロ

ミュンヘンの悲劇

サラメのイスラエルに対する戦いは、1972年9月5日に最高潮に達する。この時、西ドイツで開催されていたミュンヘンオリンピックの会場は、四半世紀前にナチスによるホロコーストが実施されたダッハウ強制収容所からそう遠くない距離にあり、そこにイスラエル代表団が訪れたことが、世界的に報道されていた。そしてサラメは、世界中の目が集まったそのオリンピックに対してテロを敢行したのである。

5日午前4時、サラメは東ベルリンの潜伏先からミュンヘンの実行部隊にテロを敢行するよう指令を出した。この指令を受け、「黒い九月」の実行犯8名は、まずイスラエルの選手団が滞在するオリンピック村に侵入し、イスラエル人選手とコーチの2名を射殺、残る9名を人質としたのである。

「黒い九月」は人質を盾に立てこもり、イスラエルに収監されている234名のメンバー釈放を訴えたが、これに対してイスラエル首相ゴルダ・メイアは、「ここで我々が屈したら、世界にイスラエル人が安心して住める場所はなくなる」としてこの要求を突っぱねた。メイアは急遽、モサド長官ザミールをミュンヘンに派遣し、西ドイツ当局に対してイスラエル政府による協力を申し出たが、西ドイツ・バイエルン州当局はこれを許可しなかった。そしてザミールが見守る中、州当局による救出作戦が展開されたが、救出は失敗。銃撃戦の末、人質全員と警官1名が死亡、犯人側は8名の内、5名が射殺、3名が拘束されるという最悪の結果となった。

このテロはイスラエルにとって衝撃的であった。この事件の責任を取るため、シャバク長官、ヨセフ・ハルメリンをはじめとする3人のシャバク高官が辞任を申し出たが、メイアはこれを慰留した。その後、コッペル委員会が設置され、事件について再検討が行われたが、そこで明らかになったのは、事件の直前にPLOの一団が、中東から欧州に向っているという情報をモサドが得ていたという事実であった。しかし情報が曖昧であったため、オリンピックの最中にも警戒の度合いを上げることは実施されていなかったのである。

神の怒り

事件後、メイア首相はダヤン国防相やモサド長官ザミール、対テロ首相顧問のアハロン・ヤリヴらとともに「X委員会」と呼ばれる委員会を秘密裏に開き、そこでミュンヘン事件の黒幕に対する処置を話し合った。その結果、モサドはミュンヘン事件を含む「黒い九月」が関わったすべてのテロに対する総括的な報復、そして将来のテロに対する抑止を行うことになった。これは今日、「神の怒り作戦」として知られている。ただしイスラエル政府は現在も秘密保持の観点からこの作戦については一切公式には認めていない。

モサドは当時46歳の工作部長、マイク（ミハエル）・ハラリに作戦実行の任と、モサドの暗殺部隊と言われている「バヨネット」を与えた。元々ハラリはモサドで通信士の訓練を受けローマで活動していたが、1950年代にシン・ベトにリクルートされ、その後またモサドに戻り、欧州でモサドの活動を統括していたと言われている。こうしてハラリの「バヨネット」とサラメの「黒い九月」との報復合戦が始まったのである。

まずバヨネットのターゲットに選ばれたのは、アラファート議長の従兄弟であり、PLOローマ支部長でもあるワエル・ズワイテルであった。ズワイテルは1968年7月のエル・アル航空機ハイジャックに関わっていたが、ミュンヘン事件には直接関わりを持っていなかったとされる。

1972年10月16日、ローマに滞在していたバヨネットは行動を開始した。暗殺実行チームはズワイテルのアパートで待ち伏せし、他のメンバーはズワイテルの尾行、そして実行部隊にズワイテル接近を知らせる役であった。ズワイテルが彼のアパートに戻ってきた際、暗殺者二人はズワイテルに対して名前を確認した後に、22口径のベレッタ拳銃で14発の弾丸を撃ち込んでいる。

次の標的とされたのは、PLOきってのインテリ、マフムド・ハムシャリであった。ハムシャリは博士の肩書きを持つ典型的な知識人であり、テロ実行部隊というよりはむしろPLOのブレーン的な役割を担っていたが、1970年のスイス航空機爆破事件、そしてミュンヘン事件には計画段階で関わっていた。ハムシャリはパリに家族と在住しており、バヨネットの実行チームは、ハムシャリの家の電話の下に遠隔操作の爆薬を仕掛けた。そしてチームはハムシャリの妻が子供を学校に送りに出たのを見届けてからハムシャリ邸に電話をかけ、受話器を取ったハムシャリごと爆破、彼は一か月ほど後に死亡した。

さらに翌年1月24日、今度はキプロスのホテルにおいて、ソ連KGBとPLOのリエゾンであったフセイン・アバド・アッ・シルがベッド下に仕掛けられた爆弾によって暗殺された。この時、準備された爆薬が多すぎてホテルの隣室にまで被害が及ぶ恐れがあったため、急遽小型の爆弾が使用されている。

しかしサラメの「黒い九月」も反撃に転じた。1月26日、モサド工作員のバルク・コーヘンがマドリッドのカフェで射殺されたのである。コーヘンは情報提供者として現地のパレスチナ人を雇っていたが、このパレスチナ人が「黒い九月」に繋がる二重スパイであったと考えられる。コーヘンはこの情報提供者に会いに来たところを狙い撃ちにされた。モサドのオフィサーが欧州で「黒い九月」に暗殺されたのはこれが初めてであり、サラメはモサドのメンバーを処刑したと高らかに公言した。さらに3月12日、モサドの情報提供者がキプロスで射殺された。ハラリらはPLOのメンバーを突き止めるために、パレスチナ人のネットワークを利用していたが、彼らは時にPLOの二重スパイでもあったため、その場合は逆にバヨネットは危険に晒されることになったのである。

この「黒い九月」からの思わぬ反撃にモサドのメンバーは焦燥感にかられた。モサドは「黒い九月」の幹部、マフムド・ユーセフ・ナジャールとカマル・アドワン、それにカマル・ナセルを排除して一気に決着をつけようとしたのである。モサドはIDFから40名の特殊作戦チーム（サエレト・マトカル）の協力を仰ぎ、作戦名「若き日の青春」という攻勢に打って出た。この作戦は当時PLOの本拠地があったベイルートに潜入し、PLOと「黒い九月」の本部を強襲するという大胆不敵なものであった。

この作戦のためモサド工作員がベイルートで入念な下調べと準備を進め、作戦は4月10日に決行された。この時、サエレトを率いていたのが後に首相となるエフード・バラクであり、彼は周囲に気付かれないように女装してターゲットに近づいたとされる。そして激しい銃撃戦の末、チームは「黒い九月」の幹部のナジャールとアドワン、PLOスポークスマンのナセルの殺害に成功した。その現場近くには、サラメやアラファート議長が滞在していたとされているが、彼らは難を逃れている。

その後もハラリのチームは「黒い九月」のメンバーを暗殺し続けた。次のターゲットには欧州でのテロ作戦責任者であった通称「カルロス」ことモハメド・ブーディアが選ばれた。ただしブーディアは名前や住所を変えながらパリに潜伏しており、その居場所を特定するのが困難であったが、彼が特定の場所を行き来する情報だけは摑んでいた。モサドはパリに在住するユダヤ人学生を総動員してその特定の場所付近を毎日監視させ、何千何万という通行者の中からブーディアを特定することに成功したのである。6月28日、バヨネットは彼の車のシート下に圧力感知式の爆弾を仕掛け、彼を葬った。

苦渋の夜

１９７３年7月、終にモサドはノルウェーのリレハンメルで、サラメ発見の情報を摑んだ。ハラリらはこの情報を確信し、バヨネットとともに同地へ乗り込んだのである。7月21日、チームはサラメと思しき人物を発見し、その場で即刻、路上銃殺刑を実施した。ところがチームが死体を確認したところ、この人物はサラメではなく、全く関係のないモロッコ人ウェイター、アフメド・ブチキであることが判明したのである。この日、ブチキは身重の妻と映画を観た帰りであった。

この人違いの暗殺に、バヨネットのメンバーは動揺を隠せなかった。彼らは目撃者であるブチキの妻を残して慌てて引き上げたが、暴走する車のナンバーは各所で目撃されていた。さらに杜撰なことに、バヨネットのメンバーは本名を使って自らの手でレンタカーを借りるという愚行を犯していた。そのためメンバーの内二人は、空港でレンタカーを返そうとした際、待ち構えていた警察に御用となった。

この二人は自分達がモサドの人間であることを認めてしまったために、あとの4名のメンバーも芋づる式に逮捕されてしまう。さらに犯行に使われた車、隠れ家、書類なども押収され、6名の内5名は罪を認め、裁判において有罪が確定してしまったのである。その中には第三次中東戦争の際にエジプトで活躍したシルビア・ラファエルも含まれており、その後彼女は裁判中に知り合ったノルウェー人弁護士と結婚している。

現地司令官であるハラリは、警察の警戒網を潜り抜けてノルウェーを脱出し、何とかイスラエルに辿り着いたが、これは完全にハラリらの失敗であり、モサドの歴史に汚点を残すこととなった。この大失態に対してイスラエル政府は長らく沈黙を守り続けたが、1996年になってようやくブチキの妻とその娘に対して40万ドルの損害賠償を支払っている。

1年にもわたる「黒い九月」との暗殺合戦が続いたことから、ハラリらは緊張感を欠いてしまったのかもしれない。リレハンメルのような片田舎では外部の人間は目立ちやすく、またそこでは40年間も殺人事件がなかったため、モサドの行動は目立ちすぎたのである。

そこにはもはやアイヒマン捕獲作戦の時のような慎重さが失われており、モサドの歴史の中でも最悪のものであった。さらにこの失敗により、「神の怒り作戦」が各国の情報機関に知れ渡ることとなる。これは「リレハンメルの失態」として長く記憶され、モサドでは「リレハンメル」をもじって、「レイル・ハンメル《苦渋の夜》」として今でも語り継がれているのである。

サラメの死

しかしハラリらはさらに作戦を続けた。リレハンメルの失態から6年後の1979年1月、ついにモサドはベイルートにてサラメを発見することに成功する。この時、サラメを調査していたのはイギリス人エージェント、エリカ・チェンバースであった。チェンバースは1978年11月から英国のパスポートでベイルートに潜伏し、サラメの行方を追っていた。程なく彼女はサラメの居場所を突き止め、彼のシボレーと側近のランドローバーが毎日行き来する道路脇のアパートを借り、サラメの行動を監視していた。

1月22日、モサドの工作チームが道路脇に停車させたフォルクスワーゲンに爆薬を仕掛けた。午後3時45分、チェンバースは彼の車が通過するのを確認し、遠隔操作の爆薬によってサラメを車ごと吹き飛ばしたのである。彼のボディーガード、側近8名も即死であった。こうしてハラリと「バヨネット」による「神の怒り作戦」は幕を閉じた。しかしその後明らかになったのは、サラメがＣＩＡとも関わりを持っており、ベイルート在留のアメリカ人がテロに巻き込まれないよう庇護していたのがサラメであったということである。従ってＣＩＡにとって、今回のモサドの作戦はあまり好ましいものとは映らなかったようである。

この「神の怒り作戦」を通じてバヨネットはターゲットとなった11名のテロリストを暗殺し、その他、巻き込まれた人数も含めると犠牲者は20名は下らないと言われている。さらにモサドの暗殺工作によって「黒い九月」は壊滅的な被害を被ったものの、すべての関係者が排除されたわけではなく、アブー・イヤドやワディ・ハダトのように、バヨネットの暗殺工作から逃れた人物も存在する。この事件は２００５年に、スティーブン・スピルバーグ監督によって『ミュンヘン』として映画化されている。

一方のハラリの方は、メキシコ総局長など１９７８年までモサドを無事勤め上げ、その後モサドＯＢとしてパナマの独裁者ノリエガ将軍に仕えた。ノリエガはかつてＣＩＡとも関係を持っていたがその関係も解消され、そこにハラリが乗り込んでいったのである。ハラリはイスラエルからパナマに売却される兵器類の仲介役となって富を築き上げた。そして１９８９年12月に米軍のパナマ侵攻が始まると、ハラリはパナマを脱出してイスラエルに帰国している。

2. 国家的汚点

アマン

イスラエルの情報コミュニティーで最もよく知られているのはモサドであろう。しかしイスラエルで最大の人員を誇るのは、軍事情報部のアマンなのである。アマンの任務は外国の軍事情報を集め、それを分析し、政府に対して軍事のみならず、政治、経済の分野まで立ち入った報告を行う。そのため、前述したように、アマンは過去、海外情報を担うモサドとの間で何度も衝突を繰り返してきた。特に「メムネー」ハルエルは、アマンに対抗するために様々な策をめぐらしたのである。

しかし、アマン長官アミットが3代目のモサド長官となることで、モサドとアマン両機関の間には明確な線が引かれている。モサドがヒュミントに特化した「情報収集機関」であるのに対して、アマンは通信傍受などの技術的な情報収集活動に特化し、さらに国家レベルの情報分析から政府への提言まで受け持つ、いわば総合的な情報機関であると言える。

アマンもモサドと同じく、第三次中東戦争に大きく貢献したことで、その情報収集・分析能力に疑いの目を向ける者はいなかった。しかしもしアマンが分析を誤れば、それはイスラエル国家に災難を引き起こすことになる。たとえモサドやシャバクが抵抗しても、最後に警告を発するのはアマンの役割なのである。

　1973年7月にモサドのバヨネットが起こした「レイル・ハンメル」は汚点ではあったが、それは戦術的な失敗であった。ところが同年、イスラエルのインテリジェンスは戦略的な失敗ともいえる決定的なミスを犯してしまい、それがイスラエル国家の存続に関わる問題となったのである。

コンセプト

　1973年10月6日午後2時、シリア・エジプト軍は同時にゴラン高原、及びシナイ半島からイスラエル国境に対して侵攻した。イスラエルから見て北方から攻め入るシリア軍部隊は5個師団と1400両の戦車、南方から攻め入るエジプト軍部隊は1700両の戦車を先頭にした9個師団から編成されており、それに対するイスラエル防衛部隊はわずか1個師団と300両の戦車しか有していなかった。そのためイスラエルは全く不意をつかれた形となり、数時間後には多くの軍事拠点が撃破され、場所によっては全滅の部隊まで出すこととなった。こうしてイスラエルは建国史上初めて国家存亡の危機に立たされることになる。この国家的危機は「情報の失敗」の性格が色濃く、それは主に軍事情報部であるアマンの情報見積の甘さから生じていたのである。

　1972年9月、アマン長官を9年間務めたアハロン・ヤリヴ将軍は、その座を彼の副官、エリヤフ・ゼイラ少将に譲ることとなった。ゼイラも長らく情報畑の任に就いていたので、決して情報音痴というわけではなかったが、彼が長官となる頃には既に、アラブ諸国に対するイスラエルの絶対優位を信じて疑わない人物となっていたのである。実際、1971年に国防軍（IDF）は第三次中東戦争で占領したシナイ半島に、バーレヴ線という要塞網を築いたため、イスラエルの守備は万全のように映っていたのである。

アマンは1973年までに、エジプト軍訓練の視察情報から、エジプトがいずれスエズ運河を越えて侵攻してくるということは摑んでいた。これはエジプト軍部内で「バドル作戦」として計画されており、5個師団によって国境のスエズ運河を渡り、イスラエルが占領するシナイ半島へと侵攻するものであった。イスラエル側でもこの作戦の存在については細部まで摑んでいたが、それはあくまでも書類上の計画であり、実際に侵攻してくるのはもっと先の話であると考えられていた。アマンがバドル作戦をほとんど真剣に考慮しなかったのは、当時「コンセプト（固定観念）」と呼ばれたアラブ諸国に対する過小評価の観念が強く作用していたためである。このコンセプトは、以下のような考えに基づくものであった。

①1967年の第三次中東戦争によってイスラエルの領土が拡大し、領土的な脆弱性が減少したこと。アラブ側もそれを認識しているため、侵攻の可能性は低い。

②シリアは対イスラエル戦争というリスクを負う事はない。
③エジプトの航空機はイスラエルの航空機、並びに地対空ミサイルに脆弱なため、わざわざ危険を冒してまで侵攻してこない。

これらの仮定は一見客観的ではあったが、イスラエルにとっては希望的な観測ともいえるものであった。これは現代的なインテリジェンスの観点から見ると典型的なマインドセットである。

マインドセットとは、分析官の持つ知識や考え方がそのまま情勢判断に適用されてしまうことであり、客観的な情報が入ってきてもそれが固定観念と反する情報であれば、きちんと検討されなくなるという現象である。

ちょうどこの時期、アマンのスタッフは皆同じような誤った仮定を信じ、それを基にして情報分析を行っていたのである。この「コンセプト」の信奉者であるゼイラ少将は、ぎりぎりになっても戦争の可能性は低いと考えていた。そのため、事前の警告情報が入ってきても、それに対する感度が極めて悪くなっていたのである。

当時のイスラエル情報コミュニティーで情報分析の任を担っていたアマンが結論を誤ると、モサドやシャバクがそれに対する疑問を挟みようがなかったのである。もしモサドも情報分析・評価活動を行っていれば、アマンの結論に異論を唱えられたかもしれないが、当時のモサドは情報収集や秘密工作に特化した機関であった。よってアマンの「当分の間、隣国が攻めてくるはずがない」といった前提は、イスラエルのインテリジェンスにとって危険なものであった。外務省の元高官によると、当時のアマンによる情報評価は自信に満ちあふれており、それが他の組織の情勢判断にも大きく作用したという。

サダトの決断

一方、アラブ側では、第三次中東戦争でイスラエルに占領された地域の失地回復の機会を窺っていた。特にエジプトでは1970年にナセルの後を継いだムハンマド・アンワル・アッ＝サーダート（サダト）大統領が、政権の安定のためにもシナイ半島の回復を至上命題としていたのである。サダトは就任直後から国連の場や、米ソ両超大国に対して同地からのＩＤＦの撤兵を訴えていたが、外交的にシナイ半島を奪回することは大変な困難が予想された。そのため1972年以降、サダトはソ連の軍事顧問団を招き、ミグ21戦闘機をはじめとするソ連製兵器を購入してエジプト軍の近代化を図るとともに、イスラエルに対する強硬路線を唱えるまでになっていたのである。

このようなエジプトの兆候はアマンやモサドもキャッチしていた。しかしアマンの分析では、エジプトが制空権を握るためには、当時のソ連製最新戦闘機ミグ23が不可欠であり、ミグ23が供給されない限り戦争の可能性は低く、サダトの態度も脅しに過ぎないと判断していた。

しかし1972年10月にサダトは、反ソ的なムハンマド・サデク国防大臣を更迭し、アフマド・イスマイル＝アリ将軍を新たな国防大臣に任命して、シナイ半島への侵攻作戦を検討するよう命じている。イスマイル将軍は第三次中東戦争の責任を取らされ、ナセル大統領に参謀総長を解任された経緯を持つが、サダトが政権を握ると彼を重用し、1970年には軍事情報部長、そして第四次中東戦争直前にはエジプト軍の総指揮にあたらせたのである。

イスマイルは早速、シナイ半島に接する部隊の増強に着手した。翌年2月、サダトは秘密裏にイスマイルをシリアに派遣し、エジプト、シリアの同時侵攻作戦について協議させ、4月にはシリアのハーフィズ・アサド大統領と1973年末までに侵攻作戦を行うことで同意した。8月にはおおよその戦争の日程までが決められている。

1973年4月、アマンはエジプトとシリアが戦争準備を始めた兆候をキャッチしていた。この月、16機のイラク空軍機と16機のリビア空軍機がエジプト入りし、エジプト空軍をテコ入れしていたのである。もちろんモサドにも様々な情報源から、戦争の兆候と思われる情報が届いていた。従って本来ならばこれらの情報を受け、IDFはエジプト、シリア国境の防備を固める必要があった。

ところがIDFの反応は鈍かった。4月6日の参謀本部会議でダヴィッド・エラザル参

シナイ半島の地図を前に作戦を練る
シャズリ参謀総長とサダト大統領（右）
写真ＡＰ／アフロ

謀総長は、「一体何度サダトは同じ事を繰り返してきたのだ。１９７１年にも『決断の時だ』と豪語したし、翌年にも同じ事を言った」と発言し、サダトは口先だけで何も実行しないと決め付けていた。エラザル参謀総長もコンセプトに捕らわれていたため、イスラエルが侵略されるなどとは夢にも思わなかったのである。これに関してはダヤン国防相も同じようなことを後に語っている。

「情報は確かだった。（中略）我々は過去にも似たような情報を得ていたが、その後攻撃はなかった。サダト大統領は最後に決断を覆したのだ。このようにもし我々に事前の情報があったとしても、サダトは奇襲できないことがわかればそれをやめてしまうのである」

ザミールとゼイラ

アマンや軍部がコンセプトに捕らわれ、アラブ諸国の意図を過小評価していたのに対し、モサド長官ザミールの意見は、「アラブ諸国が攻め込んでくるという確証はないが、それをやらないという確証もない。エジプトの軍備増強は不安の種であるし、サダトは準備を整えたようにも見える。戦争の可能性は否定できない」という慎重なものであった。ザミール長官自身は優れたインテリジェンス・オフィサーで、アラブ諸国に対する警戒を決して解かなかった。

しかし問題は、ザミール長官が彼の前任者達とは異なり、アマンと争ったり、首相へ直接の進言を行うような政治活動からは距離を置いていたことである。このザミール長官の控えめな態度はモサドの増長を恐れる政治家からは受けが良かったが、モサド長官とメイア首相の微妙な距離感がその後の問題を引き起こす遠因となったことは否定できない。ザミール長官のやり方は、アマン長官のゼイラ少将にごく簡単に自分の意見を伝えたり、部下を使って首相の秘書官に情報を伝えるようなあっさりとしたものであった。これではイスラエルの情報コミュニティーにおいて、ゼイラの意見が通るようになるのは明白である。

5月9日に国防省でイスラエル政治指導部の会議が開かれ、ゼイラもエラザル参謀総長も戦争には否定的な見解を示した。ゼイラは戦争が始まる場合、5日前、最悪でも48時間前にはアマンから警告を発することができると自信ありげに主張しており、これがイスラエル指導部に安心を与えてしまったのである。さらにゼイラはモサドの「悲観的」観測を退け、アマンの主張が政治家やIDF首脳陣に受け入れられるよう画策したのである。この政治工作により、シリア・エジプト侵攻までにアマンの観測は絶対的なものとなっていた。これは既述したように、モサドは情報収集組織に過ぎなかったが、アマンはスタッフが豊富なこともあり、情報収集から分析、警告まで請け負っていたためである。

戦争の兆候

戦争の兆候は、8月になるとゴラン高原でも明確になりつつあった。今度はシリア軍がイスラエルとの停戦ライン沿いに地対空ミサイルを配備し始めたのである。この兆候に直面してもアマンの反応は鈍いままであった。アマン分析部は、エジプトやシリア軍の動きを、過去に行われた演習と同じであり、そのための部隊配備であると見ていた。

さらに問題は軍部だけではなく、アマンを信じていた政治家も楽観的であったようである。9月25日、ヨルダンのフセイン国王が身の危険を冒してイスラエルを訪れ、テルアビブのモサド本部内でゴルダ・メイア首相やダヤン国防相らと面会した。フセイン国王はイスラエルとアラブ諸国が戦争の危機に直面しているため、早急に手を打つよう訴えたのである。その隣の部屋ではアマンの情報分析部長が会談の様子をモニターで観察していた。

ところがフセイン国王自らの説得にも拘わらず、メイア、ダヤンともこの警告をまともに受け取らなかったのである。本来ならばメイアらは戦争準備に専念する必要があったが、その数日後のストラスブールで開催される欧州議会のことで頭が一杯のようであり、実際に欧州に外遊に出かけてしまっている。さらに時期を同じくしてエバン外相もニューヨークの国連総会に出かけており、とても戦争が直前に迫っているような様子ではなかった。これは「コンセプト」がアマン長官を通じて、政治家にも深く浸透していたためである。

戦争が直前に迫った9月26日になっても、アマンはシリアとエジプトが戦争に訴えることはないと結論付けていた。しかし24日にはアメリカのCIAによる情報見積がイスラエル政府に届けられ、そこには両軍の通信傍受や偵察情報から、シリア、エジプト軍によるイスラエル侵攻の可能性が濃厚であるという結論が記されていたのである。このイスラエルの楽観に対してアメリカが慎重であるという構図は、第三次中東戦争の折とは全く逆のものであった。こうなるとさすがにダヤン国防相は不安を隠しきれず、26日にはシリア軍の侵攻を想定してゴラン高原に展開している部隊の増強命令を発した。

情報の政治化

10月1日になってようやくアマンは、シリアの戦争計画についての情報――エジプトとシリアが大規模な攻勢に出るという内容――を入手した。それを裏付けるかのようにこの頃、カイロ国際空港は一時閉鎖され、エジプト軍の増援部隊がスエズ運河沿いに集結しつつあったのである。ところがこの情報を記したレポートは、ゼイラ少将やダヤン国防相に届けられることはなかった。アマン分析部は意図的に、「都合の悪い」情報を破棄していたのである。

従ってこの状況にあってもゼイラ少将はこの部隊展開が演習のためだと信じて、「情勢は普段どおりであり、戦争に発展する恐れはない」と主張しており、これではアマンによる事前警告は期待できない状況であった。同日、メイア首相も欧州から帰国したが、ゴラン高原のシリア軍が増強されているというブリーフィングだけが行われている。

翌日、モサド長官ザミールはゼイラ少将に対して、なぜ国境付近の部隊が増強されないのかという旨の質問を行ったが、ゼイラの回答は「増強しつつある」というものであった。3日、メイア首相を交えた会議が行われ、そこでの議題はもしシリアが侵攻してきた場合、どのように対処するのか、というものであった。アマンからの情勢判断は、「現在、イスラエル・シリア国境沿いに750〜800両からなる戦車部隊（5月時点では250両）、550門の大砲類（5月時点では180門）、31の対空ミサイル部隊（5月時点では2部隊）が展開中」と説明しておきながら、「これら部隊は演習のためのもので、目下戦争の可能性は低い」という信じられないようなものであった。

しかし10月4日、アマンは通信傍受情報によって、エジプト軍参謀本部が部隊に対して、イスラム教徒の義務であるラマダンを中断し、また損害を避けるためにスエズ運河近くの油田の守りを固めるよう指示していることが明らかになった。さらにモサドも、ソ連の軍事顧問団の家族を移送するためアエロフロート機が急遽エジプト、シリアに向って出発したことを摑んでいた。

これらの情報を受け、IDFが慌てて偵察機を国境付近に飛ばしたところ、イスラエル・エジプト国境は、戦車、移動砲台からなるエジプト軍の機甲部隊によってぎっしりと埋め尽くされているのが確認されたのである。さすがにこの偵察写真を目にしたアマンのスタッフ達は衝撃を受けた。IDFはエジプト、シリアとの偶発事故を恐れて、9月から偵察機の運用を控えていたのである。

ザミール長官の切り札

状況がただごとではないことを感じつつあったモサド長官ザミールは、ここにきてようやくゼイラ少将と真剣に議論することになった。ザミール長官はゼイラ少将を説得して、情報収集と事前警告はモサドの責任で行うこととなった。近年明らかになったところによると、ザミール長官は欧州の情報源――モサドの協力者であるアシュラフ・マルワン――を切り札としており、エジプトの意図を摑むことに関しては自信を持っていたという。なぜならマルワンはナセル前大統領の義理の息子であり、直接エジプト側の機密事項を入手することができる稀有な人物であったからである。

マルワンはイギリス生まれのエジプト人であり、同時に裕福な貿易商でもあった。彼は1960年代にナセルの三女、ムナと結婚しており、貿易商を営みながらナセルの外交官としても世界中を飛び回り、エジプトの情報機関とも繋がりを持つ人物であった。彼はイギリス的価値観の持ち主でもあったため、1969年にイデオロギー上の理由からロンドンのイスラエル大使館に情報を提供すると申し出ているが、あまりにも出来過ぎた話のため、この申し出はイスラエル側から丁重に断られている。さらにその後、モサドにも同様の申し出を行い、幾度かの面接を経てモサドはこの人物を情報提供者として雇うこととなった。こうしてモサドはエジプト政界の中枢に貴重な情報源を得ることができたのである。

ザミールのモサドはこのような貴重な情報源を持っていたため、エジプトの意図をかなり正確に摑むことができたのである。マルワンは1973年5月から定期的にエジプト軍の対イスラエル侵攻について警告していた。ところが既述したように、この時期のアマンのモサドに対する優越や、ザミール長官の控えめな態度によって、マルワンからの貴重な情報は活かされないままであった。そしてここに来てようやくザミールが情報に関する主導権を握った形となったのである。

10月5日午前の軍事首脳部会議において、エラザル参謀総長も楽観的な観測を捨て、現実を見据えようとしていた。ただしゼイラ少将は戦争の可能性はあるものの、それが24時間以内に迫っているとは考えていなかった。この段階で、いつの時点で戦争が起こるか決定的な情報を誰も持っておらず、その情報の入手はモサド長官に託されたのである。

遡ること半日前、ザミール長官はマルワンからその「決定的な」情報を知らされた。しかし侵攻の日時までは明確ではなかったため、ザミールはこの情報をメイア首相、ダヤン国防相には上げなかったが、電話をかけてきたゼイラ少将に対しては、「日時はわからないが、戦争が迫っている」とだけ伝えた。ザミールは情報の中身を確認するため早速ロンドンに飛び、マルワンに直接あたった。情報を確認したザミールは6日午前3時45分、ゼイラに電話で「攻撃は今日の日没までに行われるだろう」と伝えている。

既にザミールは6日の午前零時頃までには情報を得ていて、現地のイスラエル大使館に駆け込んだのであるが、ユダヤ教の祭日であるヨム・キプールのため、暗号電信官が不在であった。アラブ側もイスラエルの油断を誘うために意図的にヨム・キプールの日を選んでいたのである。そのため仕方なく、盗聴の危険を冒しても電話でゼイラに情報を伝えたのであった。

しかしこの情報は政府内で錯綜、混乱する。戦争が「日没」なのか「日没前」、もしくは「午後」なのか、情報が伝わるたびに正確さは失われていった。ダヤンの回想には以下のように記されている。「午前4時、緊急の電話で起こされた。（中略）本日の日没までにエジプトとシリアが戦争を始めるという情報が伝えられた」。実際に両軍が侵攻してきたのは午後2時であった。

第四次中東戦争で、ゴラン高原のシリアの前線突破を試みるイスラエル軍
写真 Lahover Rami　The Government Press Office, Israel

10月6日午前の閣議においてメイア首相は「戦争が午後6時に始まるという。もしくは4時かもしれない」といった発言を残しており、ダヤン国防相やイスラエル軍参謀本部も、概ね5〜6時の開戦で固まっていたのである。エラザル参謀総長は第三次中東戦争の時のように、先制攻撃によってシリア・エジプト軍部隊を叩く案を提案したが、準備不足のため部隊配置が進んでいなかった。そして何より今回は米国のヘンリー・キッシンジャー国務長官が先制攻撃を認めない旨を明言していたため、メイアは先制攻撃を断念したと言われている。キッシンジャーは先制攻撃がイスラエルの国際的な地位の低下と、アラブ諸国の石油禁輸政策を招くと判断したために反対したと言わ

生産ラインでのメルカバ戦車。
エンジンの前方配置と車体後尾の出入口が大きな特徴
写真 Moshe Milner　The Government Press Office, Israel

れている。こうして予測よりも3、4時間早くシリア・エジプト軍の侵攻が行われてしまったため、不意を衝かれた現地守備隊は甚大な損害を被ってしまうことになった。

アマンの情報評価の失敗は、戦争中も尾を引くことになる。ゴラン高原においてはイラクのシリアへの支援を予測できず、イラク軍が500両の戦車と700両の兵員輸送車によって2個師団を同地域に派遣した際、アマンは現地部隊にこれを警告することができなかった。警告の遅れは、シリア軍部隊に対して反撃に転じていたイスラエル軍部隊に苦戦を強いてしまったのである。

さらにアマンはエジプトがソ連から

購入していた最新鋭のSA－6ゲインフル地対空ミサイルやAT－3サガー対戦車ミサイルに関しても過小評価しており、これらの兵器はイスラエルの航空機、及び戦闘車両に甚大な損害を与えることとなった。わずか20日間の戦闘でIDFは1万人弱とも言われる死傷者を出したのである。当時のイスラエルの総人口が300万人程度であったと言われているため、これを現在の日本の総人口で考えれば40万人もの死傷者となり、その人的被害が甚大なものであったことは想像に難くない。この苦い経験を参考にして、後に防御力と人命保護を重視したメルカバ戦車が開発されることになったのである。

アグラナト委員会

停戦後の11月21日、イスラエル政府は戦争におけるIDFの苦戦を認め、シモン・アグラナト最高裁判事を長とする「アグラナト委員会」を設置し、「イスラエル国家の汚点(mehdal)」に関する原因究明を図った。1974年4月2日に中間報告書が提出されているが(最終報告書は1975年1月30日)、それによるとアマンの責任は緒戦の数日間の失態に集約される。

報告書はまず、ゼイラ長官以下、副長官アリエ・シャレヴ准将、南部方面軍情報将校ダヴィッド・ジェダリア中佐、分析部第6課エジプト室長のヨナ・ベンドマン中佐を情勢判断失敗の責任者とし、その更迭を進言した。また委員会は軍事情報部のみが国家の情報分析を担うことの危険性についても警告し、情報分析には広い視野による様々な情報の吟味が不可欠であることを強調した。そしてアマンの情報分析部は縦割りの国別分担から地域別の組織編成となり、外務省には独立した政治・戦略情報分析課、モサド内にも情報分析担当部局が設置されたのである。

この組織改編は情報分析・評価の分野におけるアマンの一極支配の終焉となるはずであったが、その後、IDFで参謀総長を務めた経歴を持つイツハク・ラビン首相は、委員会の決定に異議を唱え、アマンの領域を守ろうとした。こうして現在においても、情報分析分野ではアマンの優越が保たれている。

さらにアグラナト委員会は、アマンの分析過程において、分析官が雑多な情報《ノイズ》の中から重要な警告《シグナル》を選別できておらず、すべてがノイズとして処理されていたことを指摘している。これは米軍が日本軍の真珠湾攻撃の予測に失敗した構図と全く同じものであった。報告書は以下のように述べている。

「戦争までの過程において、アマンは多数の警告情報を得ていながら、アマン長官及び分析部は自分達の固定観念《コンセプト》や既に準備された説明にこだわり続け、それらの情報をきちんと吟味しなかった。国境付近に敵が集結しているにも拘わらず、シリア軍に関しては国境防衛のための部隊、エジプト軍に関しては過去と同様の軍事演習だと言い張ったのである」

このように第四次中東戦争とそれに続くアグラナト委員会は、イスラエルの情報コミュニティーの再編を促したのである。アマンに比べると、モサドは一貫して隣国の脅威を訴え、ぎりぎりのタイミングで何とか情報を得ることにも成功した。しかし情報コミュニティーの再編は一朝一夕には行かず、1977年にエジプトのサダト大統領がそれまでの対決路線からイスラエルとの和平に転向した際、アマン、そしてモサドもその兆候を事前に察知することに失敗している。

モサド長官ザミールは1974年に1期目を務めて引退し、民間の石油精製会社の役員に納まった。これまでザミールの辞任に関しては中東戦争の不手際ではなく、リレハンメルで間違って赤の他人を暗殺してしまったことが尾を引いていたのではないかと考えられていたが、9代目モサド長官、エフライム・ハレヴィの回顧録によって、第三次中東戦争でスパイとして活躍し、その後イエメンで捕らえられ、エジプト当局に引き渡されていたバルク・ミズラヒを解放させるために、ザミールは自らの首をかけていたことが明らかになっている。

第四章　活躍の時代

1．エンテベの奇跡

ザミールの後任には、イスラエル国防軍（IDF）のイツハク・ホフィ将軍が選ばれた。第四次中東戦争の際、ホフィの指揮する北部方面軍はよく戦い、シリア軍部隊に対する反撃の狼煙を上げていたのである。またホフィは新しく首相となったイツハク・ラビンの旧友でもあり、ラビンの推薦を受けてモサド長官の職を拝命したのである。ホフィも前任のザミールと同じく根っからの軍人であったが、ザミールほど地味ではなく、1980年代になるとかつての上官、アリエル・シャロン国防相との政治闘争を経験することとなる。

ホフィが指揮した作戦で、最も良く知られているものの一つに、1976年7月の「エンテベ空港強襲作戦」がある。この作戦を実行したのはIDFの特殊部隊であるサエレトであるが、その作戦のためにはモサドによる下準備が不可欠であった。

1976年6月27日、テルアビブ発パリ行のエール・フランス機がパレスチナ解放人民戦線（PFLP）のメンバーにハイジャックされ、ウガンダのエンテベ空港に強制着陸した。このハイジャックによって犯人達は、イスラエル国内に収監されている40名のメンバーの釈放を要求したのである。この状況に際してイスラエル側は苦慮した。ラビン首相、モルデハイ・ガル参謀総長は、できれば武力突入を避けたい方針であり、ハイジャック犯側との取引を画策していたのである。ラビンはテロリストの解放を想定して、国内防諜を行うシャバクに対し、過去にテロリストの解放事例があったか調べるように指示していた。そしてテロリストの提示する期限まで、ラビンは外交手段によってウガンダのイディ・アミン大統領に働きかけ、問題を交渉によって解決しようとしたのである。

ラビン首相が交渉に頼ったのは、主に作戦実行の困難に起因する。当時、救出作戦を行うにも情報が不足しており、またエンテベが遠すぎたことが問題であった。作戦に参加したムキ・ベッツェル少佐は、「どのターミナルに飛行機があり、ハイジャック犯が何人でどこに陣取っているのか、皆目見当がつかなかった」と振り返っている。さらにハイジャック犯は256名の乗員・乗客の内、イスラエル国籍者とユダヤ人だけを人質として残していたため、最悪の場合、人質全員が巻き添えを食らう危険性が高かったのである。従って強行突入を行う場合、これらの問題が解決されなければならなかった。

ところがアミン大統領との交渉は頓挫する。第三次、第四次中東戦争を経て、アフリカ諸国はイスラエルの立場に理解を示さなくなっていたのである。ラビンはアミンが非協力的であると判断し、救出作戦という選択肢についても考えなければならなくなっていた。そこでモサドに対して情勢判断を行うため、情報を収集するよう指示を出したのである。

当時、ちょうどウガンダとケニアにPLOの活動を監視するモサド職員がいたため、そこからエンテベ空港の詳細な写真を入手することができた。さらにパリのモサド職員は、ハイジャック犯に解放され、パリに降り立った乗客への聞き込みから、犯人の人数などを割り出していた。特にユダヤ系フランス人、ミシェル・コジェは、空港の建物、人質の位置やテロリストの武装などについて詳細な情報を提供したと言われている。こうしてモサドからの情報を元に検討した結果、首相の対テロ顧問であるレハバム・ゼエビ少将がラビンに救出作戦の実行を進言したのである。

作戦は「サンダーボール（サンダーボルト）」というコードネームが与えられ、計画が練られた。ウガンダの隣国ケニアの首都、ナイロビのモサド支部が問題解決の最前線となったのである。モサドは、ケニア在住の英国人実業家で、ケニアのジョモ・ケニヤッタ大統領の顧問と農務大臣も務めていたブルース・マッケンジーに連絡を取り、モサドやIDFの部隊がケニアで活動できるよう助力を求めた。この時、「イタリア人ビジネスマン」として現地入りしたのが、かつて「バヨネット」を率いて「黒い九月」との死闘を演じたマイク（ミハエル）・ハラリであったと言われている。ウガンダ、ケニアにおいてハラリらは、現地情勢の把握に奔走していたのである。またエンテベ空港のターミナルはイスラ

人質救出に成功したC‐130ハーキュリーズ（上）　写真Moshe Milner　ヨナタン・ネタニヤフ（左）。彼の弟は13代・17代首相のベンヤミン・ネタニヤフ
写真The Government Press Office, Israel

エルの建設会社、ソレル・ボネの手になるものであったため、IDFの作戦部隊は業者からターミナルの設計図を入手し、実際に模型を作った上で作戦を練っていた。

7月3日深夜、作戦実行部隊であるサエレトとモサドのチームを載せたC‐130輸送機が地上からの誘導なしにエンテベ空港に強行着陸した。輸送機にはアミン大統領の公用車に似せたメルセデス・ベンツが搭載されており、政府高官が到着したように装いながら、ベンツはハイジャック犯の展開するターミナルに近づけられた。しかし偽物であることに気付いた現地のウガンダ兵が発砲し、これを機に救出作戦が開始されたのである。

最初のC‐130の着陸からわずか3分ほどの間にハイジャック犯8名のうち6名が射殺されている。その後、ウガンダ兵との戦闘も始まったが、救援のC‐130が到着し、イスラエル軍部隊は7名の犯

ダーティペア11年ぶりの大冒険！

ダーティペアの大跳躍

高千穂 遙

eb12月

銀河系最強最大の広域犯罪組織ルーシファの一味を追いつめたユリとケイだったが、突如起こった爆発によって、あろうことか異世界への扉が開いてしまった！ 果たして無事に帰れるのか？

四六判並製 本体1400円［絶賛発売中］

第一回アガサ・クリスティー賞受賞作より続く人気シリーズ、再始動！

黒猫のいない夜のディストピア

森 晶麿

eb12月

付き人は、街で遭遇した自分そっくりの人影に怯えていた。頼りの黒猫は、出張に出て傍にいない。時を同じくして家に届いた不審な絵葉書……付き人の周囲で一体何が起きているのか

四六判上製 本体1800円［絶賛発売中］

名作『航路』を超える感動！ 待望の新作長篇

〈新☆ハヤカワ・SF・シリーズ〉

クロストーク

コニー・ウィリス／大森 望訳

eb12月

画期的な脳外科手術により、気持ちをダイレクトに伝えることが可能になった社会。ボーイフレンドとの愛を深めるため処置を受けたブリディは……コミュニケーションの未来をテーマにした大作

ポケット判 本体2700円［19日発売］

PB1938

アメリカ探偵作家クラブ賞・英国推理作家協会賞受賞

ブルーバード、ブルーバード

ィカ・ロック／高山真由美訳

eb12月

ハイウェイ沿いの田舎町で白人女性と黒人男性の死体が発見される。人種差別が根深く絡む事件に、黒人のテキサス・レンジャーが捜査に乗り出すが――。米書評界で絶賛された話題作！

ポケット判 本体1800円［絶賛発売中］

・マープル」「シャーロック・
やスマートフォン等でも楽しめる、
提供中。

:COM ほか ケーブルテレビ
20:00 年中無休］

.jp

HM285-7

過ぎ去りし世界

巨匠ルヘインによる三部作、完結

デニス・ルヘイン／加賀山卓朗訳

eb

第二次大戦下のフロリダ。ギャング稼業から足を洗ったジョー・コグリンの命を狙うのは誰なのか？激動の裏社会を生きる男の物語。

本体1200円［絶賛発売中］

NV1444,1445,1446

エンジェル

疾風怒濤の傑

ニック・ハーカウェイ

な生活はあ
個性豊かす
ともに彼は世界を
陰謀に立ち向かう！
0円／㊥㊦各840円
［19日発売］

JA1355

小川

HM

アッテ

ベン＝グリオン空港に到着したエール・フランス機の乗客
写真 Moshe Milner　The Government Press Office, Israel

人と20人余りのウガンダ兵を射殺した後、空港を完全制圧したのである。さらにウガンダ空軍の追撃を断つため、空港にあった11機のミグ戦闘機もすべて破壊され、「サンダーボール作戦」はわずか半時間の内に終了した。

この戦闘においては急襲チームの一人であるヨナタン・ネタニヤフ中佐が遠距離からの狙撃を受けて亡くなっている。そのため本作戦は「ヨナタン作戦」とも呼ばれている。またイスラエル部隊の誤射で105名の人質の内3名が死亡したが、残った人質はナイロビのケニヤッタ空港を経由して無事移送された。この作戦はIDFのサエレトによって実行されたが、ハイジャック犯や飛行場に関するデータ収集、またケニアにおける前線基地設置などはモサドが担っており、火急のハイジャックにも対応できたことは特筆すべきであろう。

2. オペラ作戦

イラクの核開発

1970年代からイラクは独自で原子力発電の研究を進めてきたが、独自開発は難しいとの判断から、フランスから技師や機材を導入して、原子炉の設置を進めてきた。しかしイラクと対立関係にあるイスラエルは、元来石油資源に恵まれるイラクが原子力開発を進める理由は核兵器にあるとみなし、この核開発は政府の議題となっていたのである。ただし当時のアマン長官シュロモ・ガジットとモサド長官イツハク・ホフィは、イラクへの攻撃が戦争を招き、当時進められていたエジプトとの和平交渉を損なうとの理由で、あからさまな攻撃には反対していた。ガジットもホフィも軍事力を利用せず、この脅威を取り除く方法を模索していたのである。モサドは当時、国際原子力機関（IAEA）職員からイラクの核開発について知らされていたとされる。

モサドは外交ルートを使ってフランス政府に対し、イラクへの核技術供与を止めさせようとしたが全く効果がなかった。かつてイスラエルもフランスから核技術の供与を受けた経緯はあったが、アラブ諸国は石油禁輸を武器に、フランスの対イスラエル政策に修正を迫ったのである。そのため1967年以降、フランスはイスラエルに対して冷淡な態度を取るようになっていた。

このフランスの態度にメナヘム・ベギン首相の不安は高まっていた。ベギンはモサド、及びアマン長官に対して、イラクの核開発を何としても阻止するよう命じたのである。早速、1979年4月6日、モサドのエージェントがフランス南部、ツーロン近郊に保管されていた原子炉の部品を破壊し、これを「フランス環境団体」の名前で犯行声明を送りつけている。しかしフランスで防諜の任にあたるフランス国土監視局（DST）は、この工作の背後にモサドがいることを疑っていた。しかもこのような破壊工作を受けてもフランス政府はイラクへの技術供与をやめなかったのである。

1980年6月には、イラクの原子力委員会のメンバーであり、パリに核燃料の買い付けに訪れていたエジプト人科学者が、滞在先のホテルで暗殺されるという事件まで生じている。パリ当局の調査で、財布などには手がつけられていなかったことから、物取り目当てや強盗の犯行ではないことを臭わせていた。DSTの調査によって、この科学者と面識のある娼婦が事件の直前に彼が何者かと話している声を聞いたという事実までは明らかになったが、この娼婦も翌月に事故死している。さらに8月にはこの原子炉開発計画に関わる民間企業の事務所が爆破されたり、フランス人技術者に脅迫状が届けられる事態が引き続き生じた。これらの事件に関しては今でも謎のままであるが、ダモクレス作戦においてモサドがエジプトのロケット開発に関わった科学者を脅迫していたことを考えると、これらの事件もモサドの関与の可能性が濃厚である。

作戦実行

1980年10月14日、エルサレムにてイラクの原子力開発についての検討会議が開かれた。空軍の作戦部長、アヴィエム・セラ大佐は空爆作戦を主張し、モサド副長官のナフム・アドモニもイラクへの攻撃が他のアラブ諸国への警告になると主張したが、モサド、アマン両長官は反対の意向を示した。イラクが核兵器を持つまでにはまだ10年ほどかかると見積もられており、また当時はちょうどイラン・イラク戦争が始まっていたため、短期的にイラクがイスラエルの敵になるとは考えられなかったのである。そもそも成功しても失敗しても、イスラエルが国際的な非難を浴びることは明白であった。しかしその後、28日の閣議ではイラクへの爆撃が了承され、翌年3月15日に参謀本部で作戦プランが決定したのである。

アマン長官のイェホシュア・サグイは「情報がない」という理由で作戦には一貫して反対していた。しかしベギン首相の意思は固く、作戦は実行されることとなった。この時、モサドはCIAを通じて偵察写真などの情報を得ていたとされる。

オシラク原子炉空襲に出撃したパイロットたち。
のちに宇宙飛行士になったイラン・ラモンの姿も見える（最後列左）
写真 ©Biton Hayel Avir ／ Getty Images

１９８１年６月７日、８機のＦ－16戦闘機と６機のＦ－15戦闘機がヨルダンとサウジアラビアの領空を侵犯して、イラク領内に侵入した。イラクの防空網については、イラン空軍からの情報やモサドの事前の調査で、死角があることが明らかになっており、さらに攻撃隊は地表すれすれの超低空飛行によって文字通りレーダー網を掻い潜って目標に接近した。これらの戦闘機は原子炉から20キロメートル付近で高度２１００メートルまで一気に急上昇し爆撃を敢行したのである。また原子炉付近には、モサドに雇われたフランス人技術者が事前に誘導ビーコンを設置していたため、イスラエル空軍機はイ

空襲成功後、作戦に参加したＦ‐16を視察するベギン首相
写真 Herman Chanania　The Government Press Office, Israel

ラク側の反撃を受けることなく、正確にイラクのオシラク原子炉を破壊することに成功した。この爆撃によって10名のイラク兵と1名のフランス人技師が亡くなっている。

イスラエルの爆撃に対してアマンやモサドが危惧したようなイラク側の攻勢もなく、むしろイラク側ではイラン・イラク戦争中に背後から襲われたことにより、その後、イスラエルに対する防空網の整備に追われることとなった。この事件を受け、フランス政府はイラクへのウラニウムの供給を停止することとし、国連安保理ではイスラエルへの非難決議が下されている。爆撃の1か月後、アマンのサグィ長官がＣＩＡのウィリアム・ケーシー長官を訪れ、作戦の詳細について説明した。ケーシーは作戦については概ね好意的であったとされるが、ただしＣＩＡは今後、イスラエルと直接国境を接していない国、もしくはイスラエルの直接の脅威とならない国に関する衛星写真の提供を制限することを決定したのである。恐らくこの制限によって、イスラエルは独自の衛星写真を入手する必要性に迫られ、１９８０年代後半から莫大な予算をつぎ込んで独自の偵察衛星を保有しようとするのである。

国内的にはこの作戦の成功によって、ベギン率いるリクードはその後の選挙で大勝利を収めることができた。しかしベギンがこの勝利に浮かれ、モサドの情報収集活動が作戦に寄与したことを話してしまったため、ホフィ長官は匿名の「モサド長官」として、それまでの禁を破って「ハアレツ」紙のインタビューに応じ、政治家がインテリジェンスについて軽々しくしゃべるものではないと釘を刺した。このホフィの行為は後にベギンらとの確執に発展する。

当時は法律によって、情報機関の長がマスコミに出ること、また長官の名前を公表することは禁じられていたため、このホフィの行為はかなり大胆なものであったといえる。１９７０年代、ホフィはフランクフルト空港のラウンジで、自分の顔写真と名前が掲載された新聞を見つけた際、大慌てで部下とともにターミナル中の売店からすべての新聞を買い取ったほどの人物であった。

この「オペラ作戦」に現在でもモサドやアマンの情報収集とＩＤＦの作戦能力の高さを

示す実例として知られている。同様の作戦は2007年9月6日に、今度はシリアの核関連施設と見られる目標に対して実行された。これは作戦名「果樹園」として知られており、この時もモサドが事前に情報を収集し、イスラエル空軍のF－16、F－15戦闘機がシリア領空を侵犯し、施設を破壊したと言われている。

3．モーセ作戦

ファラシャ

モサドの重要なオペレーションの一つに、国外に居住するユダヤ人をイスラエルに移送するというものがある。本来ならばこれは外務省の役割であるが、国交を持たない国、もしくは物理的に困難が生じる場合、モサドがこの任務を請け負う。そして1984年に実施されたモーセ作戦は、その中でも最も規模が大きく、また困難なミッションであった。

イスラエルにとって、「ユダヤ人」とは民族的な定義と同時に宗教的な定義をも意味する。すなわち白人であろうが黒人であろうが、ユダヤ教を信仰するものは皆ユダヤ人なのである。この定義に従えば世界中にユダヤ人が存在していることとなり、それはアフリカ大陸も例外ではない。エチオピアには元来、モーセによるエジプト脱出に従わなかった人々の子孫といわれている、数万人単位の「ベタ・イスラエル」または「ファラシャ」と呼ばれる人々がいるとされてきた。彼らは元々エチオピアの山岳地帯に自分達の小国を持っていたが20世紀半ばまでには国は消滅し、ファラシャはエチオピア国内で社会的、経済的に困難な状況に置かれていたのである。

外周戦略に基づき、イスラエル政府はエチオピアとの友好的な関係を構築してきたが、この問題に関しては及び腰であった。当時のエチオピアは自国から大量の国外移住者を出すことを良しとせず、イスラエル政府も事を荒立てるつもりはなかったのである。しかし1974年にエチオピアで帝政が廃止され、社会主義政権が樹立されると、それに伴う独裁政治や粛清の嵐によって大混乱が生じた。この政治的混乱を受け、イスラエル政府はエチオピア在住のユダヤ人にイスラエルの国籍を与える処置を行い始めた。エチオピアは共産主義国となり、それまで援助を受けてきたアメリカ政府との関係を断絶したが、イスラエル政府はアメリカに代わって裏からエチオピアに軍事援助を提供し続けたのである。この行為によって、エチオピア政府は少数のユダヤ人の国外移民を認めた。しかしこのイスラエルの軍事援助が表沙汰となってしまったため、エチオピアの共産主義政権はそれ以降、イスラエルとの関係を断ったのである。この段階でファラシャの国外移送は一切認められなくなった。

ベギン首相はこの問題に積極的に取り組もうとした。エチオピアとの外交関係が断たれた以上、非合法にエチオピアのユダヤ人を救出するしかなかったのである。モサドはエチオピアからの移民をイスラエル国内で訓練し、再びエチオピアに送った。彼らの任務は、エチオピアのファラシャを導いて、隣国のスーダンへ陸路国外脱出させることであった。しかしこの脱出劇は困難を極め、途中で多くの者が命を失い、また運よくスーダンの難民キャンプに到着しても、そこから無事イスラエルにたどり着ける保証はどこにもなかったのである。

この問題に直面し、モサドはまたもやＣＩＡを通じてホワイトハウスに働きかけ、レーガン政権はモサドとＣＩＡの共同作戦を了承した。当時イスラエルとスーダンの関係は悪化していたが、アメリカはスーダン政府との良好な関係を保っていたためである。イスラエル政府はワシントンのイスラエル・ロビーを動かし、アメリカからスーダンへの経済援助を米議会に認めさせ、これによってスーダン政府はＣＩＡとモサドの活動を黙認することになったのである。

早速、モサドとＣＩＡの立ち上げたダミー会社が、スーダンが紅海に領有する小島を購入した。スーダンに逃げのびたファラシャ達は、モサドの工作員に導かれてこの小島までたどり着き、そこから船でシナイ半島、そして輸送機によって次々とイスラエルに移送されたのであった。

モーセ作戦

それでもまだスーダンの難民キャンプやエチオピアでは数万人単位のファラシャがイスラエルへの移住を希望していた。さらに問題はスーダン政府の態度にもあった。スーダンは表面上反ユダヤを標榜する国家であったので、果たしていつまでこのモサドの工作を黙認できるのか、スーダン政府としても真剣に議論されていた。一方のモサドもタイムリミットが近づきつつあることを察していたので、短期間に大量のファラシャを国外に脱出させる、「モーセ作戦」が１９８４年11月に発動されたのである。

イスラエル政府は、ユダヤ系ベルギー人、ジョルジュ・ミッテルマンの所有するトランス・ヨーロッパ航空のボーイング７０7をチャーターすると同時に、イスラエル空軍のマークを消した輸送機を直接スーダンのハルツーム空港に着陸させ、難民キャンプからトラックで輸送されてくるファラシャを次々に運び去った。そしてエチオピア、及びスーダンに潜入したモサドのオフィサー達は、主に賄賂によって政治家及び官憲を買収し、モサドの行為に目を瞑るよう説得したのである。またモサドはエチオピア政府発行に見せかけた偽造文書を作り出して、可能な限りユダヤ人を帰還させようとした。そのため、最盛期の１９８5年には20名のモサドのオフィサーがスーダン、エチオピアで活動していた。１９８2年までには２０００名、１９８４年には７０００名ものユダヤ人が救出され、まさにその様は聖書内のエクソダス——ユダヤ人を率いてファラオから逃れたモーセの出エジプ

「ソロモン作戦」でエチオピアから
イスラエルに移送されるファラシャたち
写真 Alpert Nathan The Government Press Office, Israel

ト——さながらであった。

しかし政府高官のエフダ・ドミニッツや、シモン・ペレス首相もかつてベギンがしたように、うっかりとこのモーセ作戦について、記者達に話してしまったのである。この行為によって秘密裏に進められてきた作戦は明るみに出てしまい、ファラシャの国外脱出を黙認しながら裏でイスラエルと手を組んできたスーダンは、アラブ諸国からの批判に晒されてしまい、スーダン政府はファラシャの国外脱出を認めない旨を宣言した。エチオピア政府も国境を封鎖したため、ここでモーセ作戦は頓挫したのである。作戦終了の198５年1月までに12606人ものファラシャがイスラエルの地を踏んだとされるが、その途中で数千人もの人命が失われた過酷な作戦でもあった。

モーセ作戦終了の後も、スーダンの難民キャンプとエチオピア国内に残されたファラシャを救出する作業は続けられた。1985年3月3日、ジョージ・ブッシュ米副大統領がスーダンのヌメイリ大統領と直接話を付け、追加の対スーダン経済援助によって、アメリカ単独によるファラシャの救出作戦を認めさせた。3月28日、ブッシュの命令でCIAが「ヨシュア作戦」（ヨシュアはモーセの後継者）を発動し、スーダンに取り残された800名のユダヤ人をイスラエルに移送したのである。

さらにその後、1991年5月24日にモサドは「ソロモン作戦」を実施し、わずか33時間の間にエチオピアから14324人ものユダヤ人をイスラエルに移送することに成功している。この作戦はエチオピア系ユダヤ人、ウォンデルヘレル・アウェケが、現地当局の監視の目を掻い潜りながらモサドと連絡を取りつつ実行に移した。彼は最後のイスラエル帰還者を輸送機に乗せ、自らもその機でイスラエルに降り立った。アウェケにとってもイスラエルは初めての土地であり、彼はイスラエルでファラシャの救世主として祭り上げられた。アウェケはエチオピアに残してきた彼の家族をイスラエルに迎え入れようとしていたが、その願いは叶わず、数か月後、エチオピア当局によって受けた拷問の傷が悪化して亡くなってしまうのである。

第五章　失敗とスキャンダルの時代

1．300号線上のバスジャック

情報機関の法的根拠

イスラエルは民主主義国でありながら、しばしば民主主義的原則よりも国家安全保障を優先してきた。既述してきたように、イスラエル国家の安全のためにはテロリスト、要人、科学者などの計画的暗殺や他国への先制攻撃が容認されることもあるが、これは政治家の指示、もしくは許可の下で行われた工作である。

そもそもモサドやシャバクに関しては、その行動を規定する根拠法が存在しておらず、そのため時にはリレハンメルのような失態を犯してしまうこともあった。イスラエル国家基本法第29条によると、「政府は国家を代表し、法律や法規が合法的に他の当局に委ねていない事柄を、その法律、法規に従って執り行う権限を持つ」と規定され、これは制度上の管轄権が明確に定められておらず、明確な違法でない場合、政府はある事柄を特定の機関に遂行させることができるという解釈に繋がっている。

この法的解釈に従って、首相はすべての情報にアクセス権を持つ監査官を任命して、情報機関を監督することができる。そのため、モサドやシャバクといえどもリレハンメルのような明確な失態を犯した場合、その原因や責任は首相に任命された監査官や、政府が編成する委員会によって審査される。これまで述べてきたすべての調査委員会は情報機関の機密にアクセスする権限を持ち、政府に対して報告の義務を負っている。過去の問題の多くは、このような特別の委員会によって処理されてきた。このような政府の委員会による情報機関の事後チェックは、モサドやその他の情報機関の暴走を防いできた安全弁とも言えるのかもしれない。

事後における情報機関の監視は、イスラエルが置かれている国際環境を考えれば仕方のないことかもしれないが、1980年代にイスラエルの情報コミュニティーはスキャンダルが噴出することになり、それまでのインテリジェンスの運用方法に疑問が投げかけられている。特にシャバクに関しては、情報収集や尋問の際にその手段を規定する法律が不在であることから数々のスキャンダルが起こっている。

バスジャック

シャバクの最大の失態は、1984年4月に生じたバスジャックへの対応であった。4

月12日、35名の乗客を乗せてテルアビブからアシュケロンに向ったバスが、300号線上で4名のPFLPメンバーによってバスジャックされたのである。バスジャック犯は獄中にいる同志500名の釈放を要求したが、イツハク・モルデハイ准将は躊躇せずIDFの特殊部隊、サエレトを突入させ、事件を制圧した。この時、テロリスト2名が射殺され、残り2名は拘束されている。この模様についてはテレビで放映されていた。

ところが翌日、軍当局は4名全員が死亡したことを公表し、さらにこの事件に関する一切のニュース、写真類を検閲にかけることを決定したのである。しかし「ニューヨーク・タイムズ」紙のエルサレム駐在記者がこれを無視して、二人の犯人は当局に拘束後、殺害された疑いがあることを報じた。

この事件の真相は未だに明らかにされていないが、大よそのストーリーは、2名のテロリストが拘束された後、尋問を担当したシャバクのメンバーが2名を拷問の末に殺害してしまったということらしい。政府は「ゾレア委員会」を設置し、事件の真相に迫った。公表された報告書では、4名のバスジャック犯の内、2名は拘束されていたことが明らかになっている。また逮捕された2名の死因は頭蓋骨骨折であったことも明らかになった。

シャバクは、判事、モサド、シャバクそれぞれ1名ずつから構成される内部査問会を開き、この事件に関わった3名のシャバク職員を厳しく追及した。彼らは当時のアヴラハム・シャローム長官の命に従っただけであると証言し、またモルデハイ准将が犯人尋問の際に拳銃のグリップで相手の頭を何度も殴りつけていたとも証言し、モルデハイ自身もこれを否定しなかった。しかし最終的にモルデハイもシャバクのメンバーも証拠不十分で法的な罪には問われなかった。

シャバク内の闘争

この事件には、シャバク内の権力闘争も関わっていたため、さらにその後事態は迷走する。シャバク長官代理のルーベン・ハザックは次期長官の座を狙い、シャローム長官に事件の責任を取って辞任するよう迫ったが、シャロームはこれに応じなかった。ハザックはシャロームが出張で不在の時期を見計らって、シモン・ペレス首相に対しシャロームの更迭を申し出たが、シャロームからシャバク内の権力闘争について聞かされていたペレスは、ハザックの意図を見抜きこれを受け付けなかった。

そこでハザックは、シャローム長官の失脚を狙い、友人の司法長官であるイツハク・ザミールにバスジャックとそれに続くシャバクの内部闘争についてすべて暴露したのである。厳密に言えばザミールは外部の人間であったため、ハザックの行為は情報漏洩にあたる。ザミールはペレス首相に対して、事件に関わったシャバクのオフィサーを告訴すると宣言した。ザミール司法長官は国家安全保障よりも法律を重視したことになる。これに対してペレス首相ら政府首脳の反応はザミールとは正反対、すなわち法律よりも国家安全保障を優先し、事が大きくなる前にザミール司法長官を解任しようと試みたのである。しかしザミールは抵抗し、シャバクに対する捜査を強引に始めた。

その後、マスコミに対しても匿名の内部告発があり、1986年5月24日、マスコミはザミールが政府の要職にある人物を起訴しようとしているとの情報をすっぱ抜いた。翌日、その人物がシャバク長官シャロームであることが明らかになったのである。

この報道によって、政府がひた隠しにしてきたバスジャック犯獄死の一件が公となり、マスコミは政府の情報隠蔽を厳しく追及したのである。ペレス首相は早急にザミール司法長官を更迭して事態の沈静化を図ろうとしたが、既に焼け石に水であった。6月23日、ペレス首相はシャローム長官、そしてシャロームとの権力闘争に固執するハザック長官代理ら4名のシャバク幹部の解任を決定し、その代わりにバスジャック事件に関わったシャバク職員に関してはその罪を問わない、との方針を固めたのである。

3日後、シャローム長官らシャバクの幹部が辞任した。しかし納得のいかないシャロームは、この事件に関する機密ファイルの公開を盾にペレス首相に圧力をかけたり、シャロームのメンバーがハザックの不倫話をでっち上げるなど、その後もシャバクをめぐる混乱は続いたのである。

ハリシュ提言とランダウ委員会

1986年9月、ザミールの後任であるヨセフ・ハリシュ司法長官は事件の調査を行い、2か月後に以下のような報告書を提出して、バスジャック事件の総括を図った。

「一連の事件において議論されてきたのは、シャバクが法律とイスラエルの国家安全保障の間の曖昧な領域で活動してきたこと、そして効果的な防諜活動を行うためには、法律からの逸脱も仕方のないことだということであった。これらの議論に対して、我々は以下の点を明確にするべきであると考える。防諜機関を含め、イスラエルにおけるすべての政府活動は、国家の法律の範囲内で活動しなければならない。たとえその活動がグレイゾーンのものであっても、法律に照らし合わせた上で実行されるべきなのである」

このハリシュの「提言」は法治国家としてごく当然のものに聞こえるが、提言自体は法的な拘束力を持つものではなく、バスジャック事件を政治的に決着させる目的のものであったため、この報告書は事件の幕引きの役割を果たした。シャバクは幹部を数名失いはしたが、組織自体はそのまま生き延びたのである。ところがこのような玉虫色の決着は、更なる問題を引き起こすことになる。

その後、1987年にはさらにシャバクのスキャンダルが発覚してしまう。これは19

79年にイスラエル国防軍（ＩＤＦ）のイザト・ナフス中尉がファタハのゲリラグループの会合について、上司への報告義務を怠ったという理由から、秘密裁判によって懲役18年の刑に処された事件である。ナフスはイスラエルではマイノリティーのチェルケス人（中央アジア・カフカスに起源を持ち、ユダヤ人同様、近代に世界中に離散した民族。イスラム教徒が多いとされる）であることから、シャバクにファタハとの関わりを追及された。

後の調査で明らかになったのは、シャバクによる取調べ中、ナフスは睡眠を許されないまま、取調官に殴り倒されたり、熱湯と冷水を交互に浴びせられ、無理矢理自白させられたということであった。バスジャック事件に加え、シャバクがこの事件をもみ消していたことは、イスラエル国民の怒りを誘うこととなる。そして事件の発覚を受けて政府も重い腰を上げざるを得なくなったのである。

イスラエル政府は元最高裁判事、モシェ・ランダウを長とする「ランダウ委員会」を発足させ、シャバクの尋問方法についての報告書を作成させた。同年10月30日に提出された報告書によると、尋問時の暴力は日常的であり、組織内の指針も「必要に応じて適度な身体的圧力を加える」ことを許容するものであった。これはテロリストから情報を引き出すことは、時にイスラエル国家の存亡にも関わってくる問題であるため、急を要する時に悠長な尋問をしている時間的な余裕はない、というシャバクの考えに由来しているものであり、必要悪であると考えられてきた。また根拠法を持たないシャバクのやり方は、イスラエル国家の民主主義や法治主義への挑戦でもあった。これらに対して、ランダウ委員会は以下の三原則を提言したのである。

①身体への必要以上の圧力は認められない。
②直面する危機の度合いに応じた尋問方法の必要性。
③尋問官による身体的、精神的圧力の行使は、定められた法令によって規定されなければならない。

最終的には1999年に最高裁が尋問中の拷問を違法とすることでこの問題に決着が付き、さらに2002年にはシャバクの活動を法的に規制するための「ISA法」が制定されたのである。ただし現在も尋問方法の制限については公開されていない。また現在は首相がシャバクに対する責任を有し、シャバク長官は首相に対しての説明義務を負うことになっている。

最近では2007年にもシャバクによる尋問方法が問題となり、新聞紙上を賑わせている。それらによるとシャバクの尋問方法は、
①睡眠を与えない、
②殴り倒す、

③血流が止まるまで手首を縛り上げる、
④椅子の上で背中をそらさせ、手と足を結びつける、

等の手法があるそうであり、今やシャバクといえばその尋問方法で有名となってしまった。しかし1999年以降、いずれの身体的、精神的拷問も罪に問われる可能性がある。

2. レバノン侵攻

レバノン侵攻前夜

1982年9月16日、レバノンのパレスチナ難民キャンプ、サブラ、シャティーラにおいて、非武装のパレスチナ人が数百人単位で虐殺されるという事件が生じた（被害者数については諸説あり、数百人から数千人とされている）。この虐殺を指揮したのは長年パレスチナ人と対立してきた、レバノンのキリスト教マロン派民兵組織であったと言われているが、問題はその虐殺がIDF部隊の目と鼻の先で行われたということであり、IDFはこの虐殺劇を傍観していたといっても良いような状況であった。そしてこの虐殺事件は、反パレスチナが基調であるイスラエル世論にさえも、IDFが人道的な対処を怠ったという多大な衝撃を与えることになる。

同年6月から始まったイスラエルによるレバノン侵攻は問題の多い作戦であり、イスラエルは泥沼のレバノン内戦に手を焼くこととなる。インテリジェンスの観点からこの侵攻作戦を見れば、ベギン首相、シャロン国防相とモサド、アマン両長官の対立が、問題を複雑化させた要因となった。

レバノン内戦は1975年に遡るが、この頃から既に劣勢であったマロン派の政治団体、ファランジストは、欧州のモサド機関に協力を持ちかけていた。しかし当時はイスラエルとエジプトの和平の機運が高まっており、モサドとしても不用意にレバノン情勢に介入できる状況ではなかったし、またファランジストが信用できないとの判断も多数を占めていた。当時レバノン情勢を担当していたダヴィッド・キムヘ副長官は、「何が起こっても我々は積極的に介入しない。せいぜい彼らの自助努力を後押しするだけだ」と述べるに留まっている。しかし1976年にシリアがファランジストを援護する形で介入したことは、レバノン情勢を混沌化させたのである。

イスラエルは長年、エジプト、シリア、イラクなどの周辺国家との関係に悩まされてきたが、1979年に最大の敵であるエジプトのサダト大統領と平和条約を締結したためにエジプトとの関係は安定しており、イラクとの関係も1980年に始まったイラン・イラク戦争によって、イラクによるイスラエル侵攻の可能性はないと見積もられていた。また1981年に誕生したレーガン政権は、イスラエルに寛容であると見られていたため、同年にアリエル・シャロンが国防相に任命されると、シャロンはレバノン問題の解決に意欲を見せるようになる。その目的はレバノン南部に駐留するPLOの部隊を叩き、レバノン南部をファランジストの勢力圏とすることで、イスラエル北部国境を安定化させるというものであった。

シャロンはイスラエル・レバノン国境に展開するPLOの部隊だけではなく、レバノンの首都ベイルートまで「電撃的に」進軍する計画を立てており、これに要する期間を6週間と楽観的に見積もっていたが、アマン長官、イェホシュア・サグイ少将の見解は3か月というものであった。12月20日の閣議でシャロンは自らの計画を披露しているが、あまりの大掛かりな作戦のために反対する意見が相次いだ。シャロンはキムへに代えてナフム・ネヴォトをモサド副長官に据えてレバノン問題担当とし、作戦に反対するホフィ長官の頭越しに計画を遂行しようとした。

1982年1月12日、シャロンはアマン長官サグイ、モサド副長官ネヴォトを携えてレバノンに向った。その目的はファランジストの有力者、バシール・ジェマイールと面会し、ベイルートからPLOを追い出す計画について相談することであった。ジェマイールらはシャロン一行を贅沢な接待でもてなし、シャロンもレバノン侵攻に大乗り気となっていた。サグイ長官は、ファランジストがイスラエルを利用しているだけで、あまり信用できないとシャロンの計画に反対したが、一方のネヴォトは曖昧な対応に終始していた。しかし計画はシャロン国防相とベギン首相の主導で強引に進められていく。翌月、ベギンはサグイ長官をワシントンに派遣し、アレクサンダー・ヘイグ国務長官に対して、イスラエルがPLOをレバノンから一掃するためにレバノンに侵攻することを伝えている。

しかし3月、納得のいかないアマン長官サグイは、モサド長官ホフィの援護を得て、シャロン国防相の計画に改めて反対の意を表した。サグイもホフィもファランジストへの不信を露にし、また侵攻がシリアとの戦争を招くことを危惧していたのである。しかしシャロンは彼らの進言を全く受け付けなかった。

逆にモサドのネヴォト副長官の方は、作戦に前向きとなっていた。そして4月3日にパリでモサドのオフィサー、ヤーコブ・バルシマントフがレバノン軍革命派と名乗るグループの襲撃を受けて殺害され、さらに6月3日にはロンドンでイスラエルの駐英大使、シュロモ・アルゴフがかつてPLOの幹部であったアブー・ニダルの一派によって狙撃され重傷を負うという事件が発生した。シャバク長官、アヴラハム・シャロームはこれはアブー・ニダル派の反抗であり、レバノンのPLOとは関係がないと報告したが、ベギンは敢えてこの報告を握りつぶしたという。ベギンは一連のテロをすべてPLOからの挑戦状と見なし、翌日の閣議でレバノン侵攻を決定してしまったのである。こうしてシャロン国防相は、モサド、アマン、シャバクという3人の情報長官の進言を半ば無視する形で、レバノン侵攻を断行したのである。これは前代未聞のことであった。

アドモニ新長官

6月6日、レバノン侵攻作戦、通称「ガリラヤの平和作戦」が実行された。IDF陸上部隊5個師団が3方向に分かれてレバノン国境へ進軍したが、この時、どの師団長にも明確な戦略目的は明示されていなかったのである。せいぜい「PLO部隊を撃破せよ」や「ベイルートを陥落せよ」といった曖昧な指令の下での作戦を余儀なくされたのである。

それでもIDFの地上部隊は開戦から1週間程でベイルートまで侵攻したが、そこでPLOのテロ攻撃に悩まされるようになる。そしてIDFの占領地域に展開したシャバク職員も、PLOの攻撃に巻き込まれ続け、もはや現地の秩序は完全に崩壊していた。IDFはこの戦闘を通じて600名以上の人員を失ったと言われている。

シャロン国防相にとっての誤算は、6月10日の戦闘で腹心のイェクティル・アダム少将を失ったことであった。シャロンは任期切れの近いホフィ長官に代えて、アダム少将をモサド長官の職に据え、長年の悲願であったリクードによるモサドの掌握を実現しようとしていたのであるが、アダム少将の戦死はこのようなシャロンの野望を打ち砕くものであった。そこで同月27日、ナフム・アドモニが新たなモサド長官となることが決定している。

アドモニはモサド生え抜きの長官となった初めての人物であり、周囲は驚きをもって彼の長官就任を見守った。アドモニはモサドの前身であるシャイに勤務し、1948年の第一次中東戦争に参加したが、その後カリフォルニア大学バークレー校で学位をとり、1954年にモサドに参加、1960年代にはパリ、そしてその後ワシントンにおいてCIAとのリエゾンを務めた経歴の持ち主である。アドモニは外交官志望の典型的な文民官僚であり、モサドに30年近く在籍していたものの、その仕事内容は主に外国との連絡役やスパイ養成学校の教官といったものが多く、秘密工作とはほとんど無縁であった。彼はその堅実な仕事ぶりを評価されたのである。

辞職

泥沼化するレバノン情勢にあって、シャロン国防相にとっての朗報は、8月23日に盟友のジェマイールがレバノンの大統領に選出されたことであった。これで少なくとも親イスラエル派のファランジストがレバノンを治めることで、イスラエルの北部国境は安定するかに見えたのである。翌月にはジェマイールがイスラエルを密かに訪問してベギンと会談し、さらにシャロンとモサド副長官ネヴォトがベイルートを訪れ、イスラエルとレバノン間の平和条約締結について話し合いを行っていた。こうしてジェマイール大統領によるレバノン統治が徐々に動き出したのである。

ところが事態は急転直下の様相を呈する。9月14日、ジェマイール大統領がファランジスト本部で、元シリア社会国民党のメンバーに爆殺されるという事件が生じたのである。

このジェマイールの死によって、ベギンとシャロンのもくろみはすべて水泡に帰した。さらに2日後、この暗殺をPLOの仕業と見なしたファランジストの武装集団が、ジェマイールの弔い合戦と称してIDFの支配地域でパレスチナ人の虐殺を行ったのである。この武装集団はIDF参謀総長、ラファエル・エイタン将軍の許可の下、パレスチナ人キャンプに潜むテロリスト殲滅のために活動することになっていたが、彼らは暴走し、前述したサブラ、シャティーラの虐殺事件を起こしたのである。

この情報は16日深夜、ベイルートからアマン本部に報告されているが、就寝中のサグイ長官を叩き起こしてまで伝えられることはなかった。ベギンやシャロンは翌日夜、BBCニュースによって初めてこの虐殺について知ったのである。そしてその後、緊急の閣議が召集され、イスラエル政府はレバノンの武装集団が勝手にやったこととして事件から距離を置くことを決めたが、既にイスラエルの世論は沸騰していた。世論は泥沼のレバノン侵攻にうんざりしており、そこにこの虐殺事件が飛びこんできたのである。テルアビブでは40万人規模のデモが行われ、ここでレバノン侵攻の是非をめぐって政府の責任が問われることになった。

10月1日、政府はイツハク・カハン元最高裁判事を委員長とする「カハン委員会」を設置し、イスラエルのレバノン侵攻とサブラ、シャティーラにおける虐殺の因果関係を調査したのである。1983年2月8日、カハン委員会はイスラエル政府が虐殺に間接的責任を負うとした上で、シャロン国防相の更迭を進言した。これを受けてシャロンは国防相を辞任している。またサグイ長官に対しても、虐殺の情報を迅速に伝えなかった職務怠慢を指摘し、彼もアマン長官の座から去った。そしてシャロンが辞任して程なく、ベギンも気力を失い、突然首相職を辞任することになる。

委員会の提言では、モサド長官アドモニは厳重注意だけで責任は問われなかった。しかしモサドの組織自体については、ファランジストとの日常的なコンタクトはモサドの責務であり、ファランジストへの監視を怠ったことにより、彼らの暴走を招いたことは否定できないと手厳しく批判している。一方のアドモニは、この委員会の報告書に対して批判的な見解を示した。確かにモサドが事前に虐殺を抑止できたかどうかは微妙な問題であろう。レバノン侵攻に際して、モサド、アマン両長官は、ベギン、シャロンの方針に反対し続けていたが、それは聞き入れられなかったのである。シャロン国防相はモサド副長官ネヴォトを利用し、自らの構想を実現しようとした。レバノンの一件は、時の政権がその気になればすべての情報長官の進言を無視することができることを明らかにしたが、他方、情報機関の助けがなければ事態を上手く進めることができないこともまた明らかになったのである。いわばこれは情報と政策（戦略）は車の両輪として機能しなければならないという基本的な原則であるが、やはりこの時代、リクードの政治家と元来労働党寄りだったモサドがしっくり行かなかったことが根本的な原因であったと言えよう。

またIDFの部隊は2000年5月までレバノン南部に駐留し続け、その後無条件撤退した。しかしIDFの撤退地域には、イスラム教シーア派急進組織、ヒズボラが流入してくる事態を招き、イスラエル北部国境が安定することはなかったのである。2006年7月にもIDFは再びレバノン侵攻を実行し、ヒズボラとの泥沼の戦闘が行われた。

3．ポラード事件

アメリカでの情報活動

1951年にモサドのシロアッフ長官がCIAのアングルトンと取り決めを交わして以降、モサドはアメリカ国内での情報収集活動を公式には控えるようにしてきた。ところが1985年11月21日、ワシントンにおいて、米海軍のユダヤ人情報分析官、ジョナサン・ポラードが米連邦捜査局（FBI）に逮捕されるという事件が生じたのである。ポラードはFBIの追及を恐れてイスラエル大使館に逃げ込もうとしたところを取り押さえられた。容疑は米海軍の機密事項をイスラエルに漏洩した罪であった。妻のアンも2日後に同罪で逮捕された。

この事件によって、イスラエルが最も重要な同盟国であるアメリカ国内でスパイ行為を

ジョナサン・ポラード

行っていたことが発覚してしまったのである。実はこのポラード事件にモサドは全くと言っていいほど関与していなかったが、ポラード事件を通じてモサドを取り巻く様々な諸勢力の軋轢が見えてくるのである。

ポラードは1954年テキサス州生まれ。スタンフォード大学で国際関係学を学び、さらにその後、タフツ大学のフレッチャー法律外交大学院にも学んだ、いわゆるアメリカのインテリ層に属する。1977年、ポラードはCIAの面接を受けたが、ポリグラフ検査によって情緒不安定、もしくは薬物使用の疑いがあったため採用されなかった。その後1979年にポラードは海軍の情報分析官として採用される。海軍にはポリグラフ検査はなく、また海軍はCIAにポラードに関する報告書の提出を打診したが、CIAはこれを却下している。ただしその後、ＣＩＡは海軍に対してポラードを機密に関わる任務に就かせないよう警告している。確かにポラードはアメリカ人でありながら熱心なシオニストでもあり、また誇大妄想癖のようなものがあったようである。

ところがポラードは過去の薬物使用などに関しては上司に報告せず、高度な機密にアクセスできるセキュリティ・クリアランスを得て、１９８４年10月には海軍調査部（ＮＩＳ）の分析官に任命されたのである。彼はアメリカがインテリジェンスの分野でもっとイスラエルに貢献するべきであるとの考えの持ち主であった。ポラードは熱心にイスラエルとアメリカ間での包括的な情報協定の実現を目指していたが、それは彼だけでは到底実現不可能な構想であった。

ちょうどその頃、彼は偶然にもイスラエル空軍のパイロットとしてイラク核施設爆撃を指揮したアヴィエム・セラ大佐と知り合うこととなった。当時セラはニューヨーク大学の大学院生であったが、裏では情報関係の任務に就いていたようである。この時、ポラードは自らイスラエルのためにスパイ活動を行いたいと訴えた。しかしもちろんセラも独断で許可するわけにはいかなかったため、空軍参謀本部に検討を委ねることとした。その間、海外情報を担当するモサドは全くこの件を知らぬままであった。

ラカム機関

ポラードの件は、イスラエル国防省の秘密組織であるラカム（科学連絡事務局）が扱うこととなった。ラカムは1957年、当時の国防次官であったシモン・ペレスによって科学、技術情報に特化した組織として設置された。その目的は、当時進められていたフランスからの原子力技術の受け皿として、イスラエルの原子力開発に関わる情報や技術の収集、またウラニウムなどの原材料や部品の入手などにあった。さらにラカム設置の狙いは、当時軍部と対立していたモサド長官、「メムネー」ハルエルに対抗するものであり、海外インテリジェンスを独占していたモサドの牙城を崩す意図があったともいわれている。モサドとラカムは長らく対抗していたが、ハルエルの後を引き継いだアミットは、軍事情報部出身のためラカムには好意的であった。こうしてラカムは存続し、1968年にはフランスのミラージュⅢ戦闘機の設計図を密かに入手するという金星を上げている。

第三次中東戦争直前の1966年9月、イスラエルは来るべき戦争のためフランスのダッソー社に対してミラージュ50機の購入を打診していたが、ド・ゴール仏大統領はミラージュのイスラエルへの輸出を認めようとはしなかった。ド・ゴール大統領は1965年にモロッコの反政府指導者、ベン・バルカがパリで殺害された事件にモサドが関わっていたことを非難しており、また当時のフランス外交もイスラエルからアラブ諸国へその重心を移し始めていたために、このようなイスラエルへの武器禁輸が実施されたのである。

このミラージュ戦闘機の禁輸措置によって、国産戦闘機開発を決めたＩＤＦ、及びダヤン元参謀総長はラカムにミラージュ戦闘機の設計図入手を打診することになる。そしてラカムはスイス人技術者、アルフレド・フランクネヒトとの接触に成功するのである。フランクネヒトはイスラエルへの同情と金銭的欲求から、１００万ドルの報酬と引き換えに、20万枚にも及ぶミラージュ戦闘機の設計図をラカムに提供したのである。フランクネヒトはラカムから最初の支払いである20万ドルを受け取ったが、その後スイス当局に逮捕され、裁判で4年半の禁固刑が言い渡されている。

一方、ミラージュ戦闘機の設計図を入手したイスラエルは、これを基に、まず１９６９年にミラージュと酷似したネシェル戦闘機を開発し、さらにその発展型である名戦闘機、クフィルを開発するに至っている。

このミラージュの一件からわかるように、ラカムは軍部の切り札として長らく運用されていたのである。

ラフィ・エイタン

１９８４年11月、セラ大佐はポラードをパリに呼び出し、そこで在ニューヨークの科学担当武官、ヨセフ・ヤグルを紹介した。このヤグルこそが、アメリカにおけるラカムの責任者であり、ポラードとのリエゾンを務めることになる。またパリでポラードはラカム局長、ラフィ・エイタンとも接触した。エイタンはシャバク、モサドを渡り歩いた熟練のインテリジェンス・オフィサーであり、モサドを象徴するような人物である。

エイタンは第一次中東戦争にIDFの兵士として参加し負傷、その後シャバクを経て、モサドではハルエル長官の腹心として働いた。彼は1960年のアイヒマン捕獲作戦を指揮し、ダモクレス作戦ではドイツ人科学者に対して手紙爆弾を送りつけ、さらにシリアではエリ・コーヘンを操るという華々しい活躍を収めたのである。しかしこれらの活躍をもってしても、1974年に引退したザミール長官の跡を継げないことが明らかとなり、モサドの主流派とそりの合わないエイタンはモサドを去った。まだ48歳であった。

このエイタンに目をつけたのが、後にリクード党首と首相を務めるアリエル・シャロンである。シャロンは首相の対テロ顧問にすることによって、エイタンをカムバックさせたのであった。

エイタンの公職復帰は、イスラエル政界の動向と密接に関わった出来事であった。1977年5月にそれまで29年もの間与党の座にあった労働党が野に下り、右派のリクードが政権与党の座に就いていたのである。モサドを始めとする情報組織は、建国以来ベン＝グリオンのマパイ（労働党）との結びつきが強く、ほとんどの幹部は労働党寄りであった。モサド長官ホフィもリクードのベギンが首相となると、辞意を漏らしたほどであり、多くの情報機関の職員達も自分達が追放される運命にあることを覚悟していた。

実際、ベギンは1950年代にモサドのハルエル長官に監視対象とされてきたし、シャロンもIDF時代の部下であったモサド長官ホフィと激しく衝突しており、特にイラクの原子炉爆撃を巡って二人は対立していた。爆撃を進めようとするベギンやシャロンに対してホフィは消極的であった。さらに前述したように、作戦終了後もホフィは新聞紙上で、シャロンやベギンの口の軽さを批判していたのである。

また1982年には、シャロンの個人的な構想で進められた「イラン・スーダン事件」が両者の確執に発展した。これはリビアに対抗するためにスーダンをイスラエルの武器庫にし、イランの反体制グループを援助するという壮大な計画であったが、これを察知したホフィ長官はモサドを使って強引に計画を頓挫させた。このようにシャロンとホフィは事あるごとに対立を繰り返していたのである。

そのため、シャロンらはホフィを更迭し、モサドを手中におさめようと画策し始めた。シャロンはまず四半世紀もの長きにわたってラカム局長を務めて、労働党とのパイプが太いベンヤミン・ブルンベルクを更迭した。ブルンベルク局長はリクード出身のベギン首相よりも労働党の幹部を重視しており、これがシャロンらの逆鱗に触れたものと考えられる。そしてその後任となったのがエイタンであった。こうしてリクードはラカムという秘密機関をその影響下に置いたのである。

今やリクードの腹心となったエイタンもモサドに対する対抗心を露にした。それまで

監視ビデオに記録されていた、機密書類を盗み出すポラード

「科学連絡事務局」ラカムは、極秘ながらもデータ収集を淡々と行う地味な組織であったが、エイタンはラカムを改革して秘密工作にも手を広げようと画策し、度々モサドと衝突したのである。これはかつてのモサドのハルエル対アマンのアミットの権限争いを彷彿とさせるものであった。そしてそのような状況に飛び込んできたのが、米海軍情報分析官のポラードであった。エイタンにしてみれば、これを利用しない手はなかったのである。

1985年1月から11月にかけて、ポラードは毎日仕事場で機密資料を集め、週末になるとその膨大な量の機密資料を持ち出し、2週間ごとに連絡係のヤグルに渡していた。ポラードが提供した情報は、衛星写真やソ連の軍事力に関する分析レポートなどが主であり、また彼自身の関心からテロ情報などが含まれていた。その中にはソ連のアラブ諸国に対する軍事支援に関するものが多く、ソ連のSS-21や

SA－5ミサイルに関する情報も含まれていた。

ヤグルはアメリカのテロ情報には関心がなく、むしろ国家安全保障局（NSA）の通信傍受情報やアメリカ側に協力するイスラエル人に関する情報を欲していたようである。これに対してポラードも世界中に張り巡らされたアメリカの盗聴網（シギント・ネットワーク）に関する機密情報をリークし、これがアメリカの情報コミュニティーに多大な損害を与え、ポラードの運命を決めたようである。

MICE

ポラード自身は当初、純粋にイスラエルへの協力心からスパイを申し出ていたが、徐々に情報と引き換えに渡される報酬の虜となっていった。その額ははっきりとしないが、毎月1500ドルに加え、機密情報一件につき1万ドルが支払われ、さらに妻アンへの高級な宝石やいざという時の亡命用のパスポートまで用意されたと言われている（ちなみに元モサド工作員のオストロフスキーによると、情報提供者への月々の支払いは平均3000ドル程度だという）。

スパイ獲得の基本は「MICE」である。「M」は金、「I」は思想信条、「C」は強制、「E」はエゴ、自己満足である。スパイを雇う側はこれらの要素を上手く組み合わせて巧妙に雇い入れなければならない。ポラードの場合、思想信条から熱烈にイスラエルのために働くことを希望し、ラカムがポラードの金銭欲とイスラエルのために働くという自己満足を満たした。これは典型的なスパイ獲得の手法である。もしポラードが仕事に満足せず辞めようとすれば、今度は金を受け取ったことに付け込み、脅迫するだけのことである。しかしエイタンもヤグルも、ポラードの情報がイスラエルにとって有益であると話し、彼の自尊心をくすぐり続けたので、脅迫という手段をとる必要はなかった。

ラカム内部ではポラードの活動が信用できないとして、多くのスタッフがポラードを切るように進言していたが、エイタンはむしろポラードからの情報を重宝がっていた。しかし米海軍調査部では機密書類の紛失が相次ぎ、またポラードが国防情報局（DIA）など他の情報組織からの情報を頻繁に要求したことで、彼への不審は募っていった。

ポラードは何度かの内部調査は切り抜けたが、海軍情報分析官としての毎日の業務に加え、ラカムのスパイもこなさねばならない状況は、明らかにオーバーワークであった。そして彼は終にFBIのポリグラフ検査によって馬脚を露してしまったのである。こうしてポラードは妻のアンとともにイスラエル大使館に逃げ込もうとしたが、その直前にFBIが彼を逮捕した。1987年3月4日、ワシントンの連邦裁判所においてポラードに終身刑、アンに5年の禁固刑が下された。アメリカ政府はセラ大佐も起訴しようと試みたが、イスラエル空軍参謀本部はセラを守るためにイスラエルに連れ戻し、准将とした上でイスラエル国内のテルノフ基地の司令官に任命した。

イスラエル政府はポラードがスパイであることを公式には認めようとしなかった。そしてラカム内部ではエイタン局長への風当たりが強くなっていた。そもそもポラードのような人間を、アメリカとの外交問題に発展するようなスパイ事案に利用したのはエイタン本人であった。彼はイスラエルのレバノン侵攻の際、アメリカから十分な情報が提供されなかったことに不満を感じており、個人的にアメリカへの復讐の機会を窺っていたとされる。しかしそれ以上に、エイタンのモサドへの対抗心が、ラカムをポラード工作にのめり込ませたのである。

ラカムの拡大を狙うエイタン、そしてシャロンにとって、ポラードはパンドラの箱となった。ポラードの判決を受け、イスラエル政府はアッバ・エバンを長とする調査委員会を設置し、ラカムを解体してポラード事件の清算を図ったのである。当時のシャロン産業貿易相はエイタンを救うために奔走し、その後エイタンは国営企業の会長に納まった。イスラエルにとって幸運だったのは、当時のレーガン政権がイスラエルに対して寛大な態度を示しており、ポラード事件が明るみに出た後もイスラエルへの配慮もあってか、この一件に関してはあまり厳しい追及を行わなかったことである。

一方、モサドにとって、ポラード事件は青天の霹靂であったが、ラカムが米国の機密にアクセスし、それを入手していたことには薄々気づいていたはずである。ただモサドも米国内でのスパイ事件に関して後ろめたいものがあったのか、この事件を受けて、「もし我々ならば、米海軍の将校がスパイにしてくれとやってきてもこれを相手にしなかっただろう」との見解を発したのである。

モサドから見れば、エイタンのラカムは厄介な存在であった。モサドとラカムは活動領域が重なるだけではなく、リクードとの関係を深めるラカムは政治的にもモサドの対抗勢力となりつつあった。モサドの場合、首相から直接の指令が下って行動に入るわけであるが、ラカムは極秘の機関であり、その指揮系統も判然としておらず、ポラード事件の頃にはエイタンがかなり独断的にラカムを指揮していたようである。

1998年になってようやくイスラエル政府はポラードがラカムに雇われたエージェントであることを公式に認め、クリントン、ブッシュ（ジュニア）両政権に対して、自分達に協力してくれたポラードの恩赦を要求したが、いずれも却下されている。その後、2009年にネタニヤフ政権が成立すると、ポラードをイスラエルの英雄として釈放しようとする政治的な動きが強まった。その結果、米国司法省の委員会は2015年11月20日、条件付きでポラードを仮釈放処分とする決定を下したのである。

4. イラン・コントラ事件

対イラン武器輸出の密約

既述したようにモサド長官アドモニは事務畑が長く、秘密工作の類とは無縁であったと言っても良い。アドモニ自身もモサドが秘密工作に没頭することには消極的であり、むしろアメリカを始めとする同盟国とのインテリジェンス協力の強化と、度重なるスキャンダルで混乱に見舞われたイスラエルの情報コミュニティーの再建を目標としていた。アドモニにとってラカムのような秘密組織の解体はまさに望んでいたことであった。

しかしまたもや、モサドのあずかり知らないところで秘密工作が行われていたのである。それは、1986年に発覚したイラン・コントラ事件である。この事件は当時、アメリカ議会で禁じられていたアメリカの対イラン武器輸出を、イスラエルが密かに肩代わりし、そこから生じる資金をニカラグアの反共ゲリラ「コントラ」に流用していたものである。

イスラエルの「外周戦略」から見れば、イランはイラクに対抗するための味方であり、イスラエルは長年イランに対して軍事的援助を行っていた。1980年のイラン・イラク戦争以降も、イスラエル政府は国際的に孤立するイランを援助し、また1981年には背後からイラクのオシラク原子炉を爆撃することでイラクの防空網を混乱させている。

イスラエルにとってイランへの武器輸出は、経済的にも重要な問題であった。イスラエルでは10人に一人が兵器産業に関わっており、それはイスラエルの輸出総額の四分の一を占めているとも言われている。1970年代から80年代にかけて、モサド、もしくはモサドのOB達は、新たな兵器輸出先を開拓する任務を重視していたのである。

既述したマイク（ミハエル）・ハラリもその一人であるが、多くのモサド関係者はアメリカからの制裁に晒されている中南米に食い込もうとした。そして実際、グアテマラやニカラグア、エルサルバドルといった国々の政府は、イスラエルからの武器輸入に頼るようになっていたのである。

イラン・コントラ事件の舞台となった、イラン、そしてニカラグアのコントラもこの例外ではなかった。イスラエル政府はイラン革命後もイランへの武器輸出を推進しようとしており、1980年からアメリカ製のF－4ファントム戦闘機の交換パーツがイランに輸出されていた。このイスラエルによる対イラン武器輸出はアメリカのカーター政権との外交的懸案にまで発展する。

アメリカは当時イラン革命の激化を警戒していたため、表面的には対立するイラクに援助を与え、イランへの武器禁輸を実施していた。しかし1981年にレーガン政権が成立すると、アメリカの対イラン政策にも変化が生じる。当時はソ連やアラブ諸国もイラクを援助していた上に、アメリカはレバノンでのテロに悩まされており、テロリストを背後で操るイランにも接近していたのである。1981年11月、アリエル・シャロン国防相はワシントンを訪れ、キャスパー・ワインバーガー国防長官に対して対イラン武器輸出の正式な許可を求めたが、この時点では拒否されている。

ところが1982年にレバノンでヒズボラが結成され、アメリカ人を狙った人質事件が頻発するようになると、レーガン政権もヒズボラの背後にいるイランに対して妥協を考え始めるようになる。そして人質事件をきっかけに、アメリカ国籍のユダヤ人でイスラエルの航空産業に関わるアル・シュウィマーがレーガン政権に対する猛烈な働きかけを行ったとされる。こうして1985年には両政府の間でイランに対する武器輸出に関する秘密の合意が成立していた。

キムへ再登場

1985年5月、アメリカ国家安全保障会議（NSC）の対テロ顧問であるマイケル・レディーンがイスラエルを訪れ、レバノンで拘束された米国人の救出について、ペレス首相とイスラエルの対イラン政策を担うシュロモ・ガジットと話し合いを持った。

ここで本来ならばモサド長官アドモニも呼ばれるべきであったが、モサドを嫌う元アマン長官のガジットはモサドの締め出しを図ったのである。一方のアドモニ長官はかつてのハルエルやアミット、また前任者のホフィ長官のようには政治家との闘争を好まず、表立った抵抗をしなかった。そしてペレス首相はイランへの武器供給と引き換えに、アメリカ人人質の解放という重大な任務を、かつてモサド副長官であったダヴィッド・キムへに一任することにしたのである。キムへにしてみればこの種の秘密外交は手馴れたものであり、意気揚々とこの工作を引き受けた。

キムヘはイギリス生まれ、スイス育ちのユダヤ人である。彼は短期間「エルサレム・ポスト」で働いた後、中東研究の専門家として外務省に採用され、その後すぐにモサドに移ることになる。完璧なクィーンズ・イングリッシュを操るキムヘには、海外での活躍が期待されていたのである。キムヘは外交官「ダヴィッド・シャロン」としてイスラエルの外周戦略を支えるべくイランやトルコで活動し、また既述したモロッコの反体制運動家を捕らえるベン・バルカ事件や、ウガンダのイディ・アミン大佐（後の大統領）を秘密裏に支援する任務にも携わった。彼は中東とアフリカを股にかけたプロのスパイであった。

またキムヘは彼の第三世界の知識を基に博士論文を執筆したり、モサドのオフィサーに対する講義を行うなど、その様は初代モサド長官、シロアッフを彷彿とさせるものがあった。そして1970年代にはホフィ長官の下でモサド副長官まで上り、周囲からもキムヘの長官就任は目前であるかのように見えた。しかしホフィ長官の後任人事は難航する。既述したように、まずシャロン国防相は腹心のアダム少将を次期モサド長官にと考えていたが、この案はレバノン侵攻によるアダム少将の戦死によって白紙に戻る。次にリクードのイツハク・シャミール外相はキムヘをモサド長官に据えようとしたが、ホフィ長官の強硬な反対によってこの案は葬られることになった。ホフィ長官はリクードによるモサド人事への介入を嫌っていたこともあるが、それよりもキムヘには独善的なところがあり、モサド内部での受けがあまり良くなかったと言われている。

こうして周囲の下馬評を覆してナフム・アドモニが長官として選ばれ、キムへはモサドを去った。彼は古巣の「エルサレム・ポスト」に職を見つけ、順調なキャリアを再び歩むかに見えたが、またもや所属組織との軋轢によって程なくエルサレム・ポストからも退いた。

自らもモサドのオフィサーであったシャミール外相は、キムへの処遇を不憫に感じて、彼を外務次官に任命するが、彼には外務次官の職もモサド長官の前では霞んで見えたようである。モサド長官は首相に仕えながらイスラエルのすべての対外情報と裏の外交を操り、またモサドを縛る法律の不在からかなり自由な裁量が認められていたため、イスラエルにはモサド長官ほどの魅力的な地位はそうなかった。それ故にいつの時代もモサド長官は数多くの対抗勢力に直面するのであるが、これに関しては、後にモサド長官となるエフライム・ハレヴィも以下のように語っている。

「モサド長官が負わなければならない究極にして不可分の責任は、他の職業には類のないものである。副長官の責任とも、他の高級官僚の責任とも比較にならないほど重いのだ」

キムへもモサドへの思いは断ち切れなかったようであった。例えば1977年5月、モサド副長官時代のキムへは、ホフィ長官とともにモロッコのハッサン2世の元を訪れた。その目的は、イスラエルと何度も戦火を交えてきたエジプトとの和平交渉の下準備を、ハッサン2世に依頼するためであった。エジプトからもハッサン・トハミ副首相とエジプト情報機関の長官、カマル・ハッサン・アリ将軍がモロッコ入りし、ホフィやキムへらと会談を行っている。この秘密会談はダヤン外相とトハミ副首相のモロッコ会談に発展し、最終的には同年11月19日のサダト大統領による歴史的なエルサレム訪問となって実を結んだのである。

これはモサドによる裏の外交活動の結果であった。外交官の場合、原則的には公式に関係を持つ国の政府関係者との接触が主であるが、モサドであれば敵国の政府関係者とも日々繋がりを保ち、いざという時には裏から国際関係を支えることができるのである。キムへ自身も自分が中東の歴史を裏から支えていたとの自負があり、もし自分がモサドの長官となればこれ以上の活躍ができると信じていたのである。

またキムへはイスラエルの外周戦略の熱心な支持者であり、1979年にイラン革命が起こった後も、イランをイスラエルの友好国としてとどめて置くことを熱心に主張しており、ペレス首相からの秘密工作の依頼を渡りに船と引き受けたのであった。

イラン・コントラ事件

キムへは、アル・シュウィマーとアマン出身のビジネスマン、ヤーコブ・ニムロディらとともに、この秘密工作を行うこととなった。キムへらの任務は、レーガン政権の了承の下で米国からイスラエルに供与されるTOW対戦車ミサイルをイランに横流しすることであった。そしてその代償にイランはヒズボラに圧力をかけ、レバノンで誘拐されたアメリカ人を解放するという筋書きである。こうしてイラン人実業家、マヌシェル・ゴルバニファルを通じて500発のTOWがイランに空輸され、その見返りとしてイランは代金の500万ドルの支払いと米国人の解放を行った。キムへの秘密工作は軌道に乗り始めていたが、程なくしてそれはあっけなく幕を閉じることになる。11月にイスラエルからイランに供給された18機のホークミサイルが旧式のものであり、イラン側の要求したものではなかったことが、イラン首相ムサビの怒りを買い、この工作は途中で頓挫してしまうのである。

次にペレス首相が白羽の矢を立てたのは、首相の対テロ顧問、アミラム・ニールであった。しかしニールはジャーナリスト出身であり、これまでインテリジェンスに関わった経歴を持っておらず、しかもまだ35歳と若かった。ニールはモサドに己の存在を認めさせるために、またもやモサドの頭越しに秘密工作を進めることとなる。ニールは直接ホワイトハウスに出向き米国側との話を纏め上げたが、ホワイトハウスはニールがモサドのバックアップを受けていると思い込んでいた。ニールはNSCのロバート・マクファーレン顧問、オリバー・ノース海兵隊中佐らとともに、1986年を通じて約2000発のTOWをイランに密輸したのである。これに対してイラン側は何人かの人質を解放しはしたが、それにも増してヒズボラがアメリカ人を誘拐するという堂々巡りの様相を呈し始めていた。

業を煮やしたニールはノース中佐らとともに、1986年5月、何の組織的なバックアップもなしにテヘランに乗り込み、直接交渉に訴えるという愚行を犯した。この工作はニールの思いつきで行われ、あまりにも杜撰な素人工作であった。ニールらはレーガン大統領のサイン入りの聖書とチョコレートケーキ、コルト製の拳銃を手土産として携えてテヘランに乗り込み、イラン国内の穏健派グループと交渉したが会談は決裂、彼ら自身が危うく新たな人質となるところであった。

このニールの工作に対してモサドは彼の行動があまりにも危険すぎると反対し、せめてジュネーブあたりで会談するべきだと主張していたが、手柄を得たいニールはこの忠告を無視していたのである。そして1986年11月3日、イラン側のリークによってこれらの工作の内容が表に出ると、この一件は「イラン・コントラ事件」として一大政治スキャンダルへと発展することになる。

その後1988年にはアメリカ議会で査問会が開かれ、事件当時に副大統領を務めていたジョージ・ブッシュに対する厳しい追及が行われた。当時ブッシュは大統領選挙の最中であり、この査問会の行方が注目されていたのである。その最中の1988年6月、ニールは「ワシントン・ポスト」紙の敏腕記者、ボブ・ウッドワードとのインタビューで、イラン・コントラ事件の顚末についてすべて話す用意があることを語っており、彼の話を大々的に売り出してくれるエージェントを探していることも明らかにしていたが、イスラエル政府は本件に関わる事項についていかなる証言も拒むようニールに厳命していた。ニールの証言によっては、これまでモサドの海外工作を支えてきたブッシュが窮地に追い込まれることも予測されたし、何よりイスラエルの秘密工作が露呈することは何としても防がなければならなかったのである。

同年11月28日、ニールを乗せたセスナ機がメキシコシティからウルパンに向う途中、墜落事故を起こした。ニールは即死であったが、今でもこの事故は暗殺の可能性が指摘されている。

ポラード事件やイラン・コントラ事件は、従来のモサド―CIAのインテリジェンスのラインから外れたところで生じた問題であったため、秘密工作を疎んじるアドモニはこれらへの対応に苦慮した。どちらの事件も元モサドのオフィサーがモサド以外の組織に移り、そこでモサド紛いの工作を行おうとして失敗した事例であった。しかし構造的な問題として、リクードのベギン首相・シャロン国防相とホフィ長官の対立、またペレス首相とアドモニ長官間の疎遠など、本来であれば首相―モサド長官のラインは緊密でなければならないのに、この時期にはそのラインが上手く機能していなかったとも言えるのである。そしてその情報伝達・命令系統の歪みに付け込んで、ラカムのエイタンや外務省のキムヘがイニシアチブを握ろうと画策し、そして失敗したのであった。

5. ヴァヌヌ事件

モルデハイ・ヴァヌヌ

イラン・コントラ事件が明るみに出た1986年、アドモニ長官は更なるスキャンダルの火消しに追われる。1986年10月5日、イギリスの「サンデー・タイムズ」紙が、それまで極秘に進められてきたイスラエルの核開発についての記事をすっぱ抜き、世界中を驚かせたのである。この記事の情報をリークしたのは、イスラエル、ネゲブ砂漠のディモナ核研究施設で技師として勤務していたモルデハイ・ヴァヌヌであった。

それまでイスラエルはいわゆる「曖昧戦略」によって、核開発を肯定も否定もしてこなかった。核開発の疑惑を持たれたことはあっても、それを証明する証拠が存在しなかったわけであるが、このヴァヌヌのリークによって、初めてイスラエルの核開発の全容が明るみにでたことになる。同紙はイスラエルの核開発について、「イスラエルは今や世界第6位の核大国であり、100~200程度の核弾頭を保持している」と報じた。

ヴァヌヌは1954年にモロッコで生まれた。ヴァヌヌの一家はモサドの移民工作によってイスラエルに移り住んだが、イスラエルでも貧しさから抜け出すことはできなかった。ヴァヌヌはＩＤＦに入隊した後にテルアビブ大学に学んだが中退、ディモナの核研究施設に採用され、１９７７年から85年までそこで勤務していた。ディモナで働く際、彼は、仕事内容を第三者に漏洩した場合、懲役15年の刑に処される、という誓約書にサインしている。

ヴァヌヌは勤勉な性格であったが、同時に平和志向のリベラル派であり、そのような自分が核開発に携わっていて良いのかという内なる葛藤を抱えていたようである。しばらくすると彼は地元の平和主義活動グループに出入りするようになり、イスラエルによるイラクの原子力施設爆撃や、１９８２年のレバノン侵攻に対して抗議活動を始め、さらにはイスラエル国家自体の違法性を訴え始めるようになる。こうしてヴァヌヌは１９８５年になると、抗議活動の一端として研究所内部の機密資料を集め始め、また施設の写真なども密かに撮影していたが、この時点でこれら資料の使い道に関する明確な意図はなかったようである。ヴァヌヌの友人は、彼の思想や性格が核開発という極秘の仕事に携わるには不適格であると考えていたようであり、この予感はのちに現実となる。ヴァヌヌは危険人物と見なされ、１９８５年11月に研究所から解雇された。

１９８５年末、ヴァヌヌは自分探しの放浪の旅に出かける。翌年にはネパール、ビルマ、タイで仏教を学び、夏ごろにはシドニーに滞在するようになっていた。そこで彼はユダヤ教を捨ててキリスト教に改宗し、イスラエル国家と決別することにした。ヴァヌヌはディモナの機密に関しては、それまで法的な義務感からそれを誰にも話すことはなかったが、シドニーで知り合ったコロンビア人ジャーナリスト、オスカル・ゲレロか、イギリス人記者、ピーター・ホウナムに秘密を漏らしてしまったようである。ホウナムはシドニー駐在の「サンデー・タイムズ」紙記者であり、彼はヴァヌヌの話が、それまでイスラエル政府がひた隠しにしてきたディモナの秘密を暴露するものであると確信し、9月には詳細な話をインタビューするためにヴァヌヌをロンドンに移らせた。

サンデー・タイムズは科学者を動員して、ヴァヌヌと記事の内容について綿密な調査を行っていた。同紙は3年前に偽物の「ヒトラー日記」に莫大な出版契約料を払って失敗していたため、ヴァヌヌの一件には慎重にならざるを得なかった。しかしここで時間をかけ過ぎたことが、彼の命運を決してしまう。

自分の記事がなかなか掲載されないことに業を煮やしたヴァヌヌは、ライバル紙である「サンデー・ミラー」紙にも彼の特ダネを持ちかけ始めていた。ところがサンデー・ミラーの社主、ロバート・マックスウェルは、この情報をイギリス情報機関を経て、モサドに伝えてしまったのである。一説には、サンデー・タイムズ紙からの取材を受けた在英イスラエル大使館からモサドに伝えられたともされるが、とにかくこの時点でモサドはヴァヌヌの存在が極めて危険であることを察したのである。

ヴァヌヌ誘拐

この情報を受け、モサド内においては事件の後始末について議論され始めた。ヴァヌヌに対しては暗殺による解決も考えられていたが、ユダヤ法（ハラハー）ではユダヤ人がユダヤ人を殺すことを固く禁じている。後にモサド長官となるシャブタイ・シャヴィトもこの例に倣い、ヴァヌヌ暗殺を断念したと言われている。そこでモサドは、ヴァヌヌを拉致する方向で話を進めた。モサドはイギリス秘密情報部のお膝元であるロンドンで事を起こすことを避け、当時支部のあったローマにてヴァヌヌを拉致する計画が練られたのである。

問題はどうやって彼をローマにおびき出すかであった。ヴァヌヌの性格などが慎重に検討された結果、異性を利用しての工作が考え出されたのである。この工作には、当時26歳のモサド工作員、シェリル・ベントフが起用された。ベントフは既に同じモサド工作員のオフェルと結婚していたが、ベントフ自らこの役を買って出たとも言われている。

9月24日、ロンドン中心部のレスター・スクエアにて、ヴァヌヌは「アメリカ人女性」シンディーとの衝撃的な出会いを果たすことになる。ヴァヌヌはシンディーに首っ丈となり、幾度かのデートを重ねた後に、二人でローマへ旅行に出かけることとなった。そして9月30日、二人は英国航空504便でロンドンを離れ、その直後にヴァヌヌはローマにおいて行方不明となった。ヴァヌヌの失踪から数日後、「サンデー・タイムズ」紙はようや

THE SUNDAY TIMES

Revealed: the secrets of Israel's nuclear arsenal

Inside Dimona: full story pages 2 & 3

「サンデー・タイムズ」紙に報じられた
イスラエルの核開発スクープの記事

くイスラエルの核兵器についての記事を掲載したのである。

失踪から40日が経った11月9日、イスラエル内閣官房長官、エリヤキム・ルービンスタインは、突如ヴァヌヌを逮捕した旨を公表した。イスラエル当局は逮捕についての具体的な説明を避けたが、ヴァヌヌ自身がエルサレムの裁判所に護送される際、自らの掌に書いた文字を護送車の窓に押し付け、マスコミにこう訴えたのである。「ローマで私はハイジャックされた。86年9月30日。21時。BA504便」。こうしてヴァヌヌが拉致された経緯が明らかになったのである。

その後裁判が開始されたが、核開発に関する情報はイスラエル国家の安全保障に関わる重大事項であったため、裁判の内容は

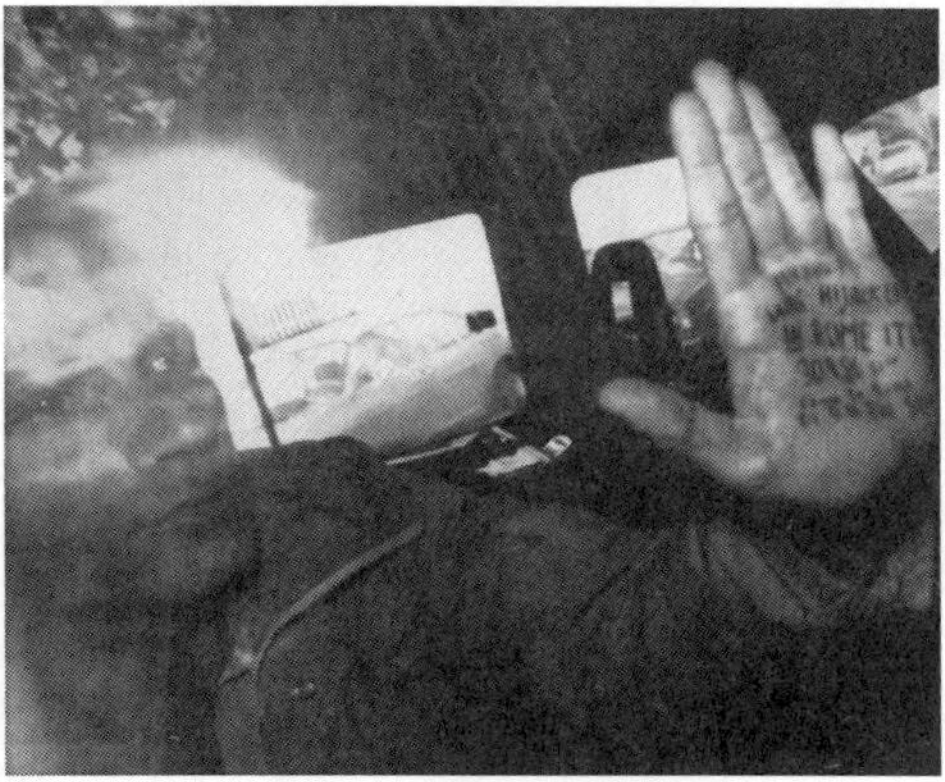

エルサレムの裁判所に移送される際、
マスコミにその経緯を訴えるヴァヌヌ　写真AP／アフロ

極秘とされ、一切マスコミには公表されることはなかった。また裁判中、ヴァヌヌはただの裏切り者、スパイとして扱われ、1988年3月に懲役18年の刑が言い渡されたのである。またこの事件を通して、ヴァヌヌを迅速に確保したモサドの行為は、イスラエルの安全保障上不可欠であったとの評価が下されている。

しかしモサドはヴァヌヌによる機密漏洩を事前に防げなかっただけではなく、ヴァヌヌの誘拐工作に関して代償を支払わなければならなかった。イギリスとの関係においては、時のペレス首相がサッチャー首相に対して「我々は何らイギリスの法律を犯してはいません」と語ったそうであるが、イタリアとの関係はそうはいかなかった。

歴代のモサド長官は、1984年から91

年までイタリア軍事情報部長を務めたフルヴィオ・マルティニ提督と親密な関係を保っていたが、ローマでモサドが事を起こしたことで、両者の関係は急速に冷え込むこととなった。マルティニ提督は第四次中東戦争でイスラエルが苦境に陥った際にも、彼自身が収集していたアラブ諸国の軍事情報をモサドに提供するほどの協力者であったが、モサドはヴァヌヌの一件でこのような友好関係を一つ失ったのである。

2004年4月、ヴァヌヌは釈放されたが、それでもまだ彼がサインした守秘義務は有効であり、また裁判では無許可の外国人との接触や海外渡航の禁止など様々な制限が課された。現在、ヴァヌヌ自身はヘブライ語を話すことを拒否し、イスラエルを離れて他国へ亡命することを望んでいるという。そのために難民申請を行っているが、これらの過程で裁判所の命令を破ったことで、その後も短期的に投獄されている。

6. インティファーダ

アブー・ジハード暗殺

1982年からレバノンで続いたイスラエルとPLOの戦いは、1987年にはパレスチナ自治区のガザ地区とヨルダン河西岸地区に移ることとなる。この年の12月に、イスラエルの占領政策に我慢できなくなったパレスチナ住民のインティファーダ（民衆蜂起）が一斉に生じ、さらにこの混乱をＰＬＯが煽ったことで、ＰＬＯとイスラエル間の対立の連鎖が止まらなくなるのである。この暴動は急速に拡大し、最初の1年間だけでも2万人の逮捕者と４０００名もの死傷者を出してしまうことになる。

本来、この地区の治安維持及び情報収集は国内防諜機関、シャバクの任務であるが、もはや何千何万という群集の一斉蜂起はシャバクの手にあまり、シャバク長官のヨセフ・ハルメリンは在任わずか1年半で長官の職を辞さなければならなくなる。

このような状況に際して、モサドは問題の解決を図るため、インティファーダを泥沼化させている要因を取り除くことを計画した。１９８８年2月14日、モサドのオフィサー達はキプロスの港町、リマソルでＰＬＯメンバー3名を爆殺している。一人はレバノンで武器取引を行っていたマルワン・カヤリ大佐であり、彼はインティファーダ首謀者、アブー・ジハード（本名はハリール・［アル・］ワズィール）の腹心であった。もう一人はガザ地区で活動していた、ファタハの作戦情報責任者、ムハマンド・タミミ中佐、そしてＰＬＯのムハマンド・ブハイスであった。このモサドの工作について当時のメディアは控えめに報じただけだったが、痛手を被ったＰＬＯのアラファート議長はモサドを名指しで批判した。

しかしモサドの狙いは、アブー・ジハード本人にあった。アブー・ジハードはＰＬＯに

PLO 議長アラファート（中央右）とアブー・ジハード（中央左）
（1978 年 1 月撮影）写真ロイター／A P

参加して以来、アラファートの腹心として同組織を指揮しており、インティファーダに関してもチュニジアから指令を出していたと言われている。1988年3月頃、ラビン国防相はモサド長官アドモニに対して、アブー・ジハードの殺害を命じた。ラビンはジハードを暗殺したところで問題が根本的に解決されるとは考えなかったが、イスラエル政府はインティファーダが始まって数か月間、何ら目ぼしい成果も上げておらず、アブー・ジハードの暗殺によってPLOの士気を挫き、逆にイスラエル側の士気を上げられると考えたようである。

ラビンの命を受けてアドモニ長官は、イスラエルの情報コミュニティーの会合であるヴァラシュ委員会で、シャバクのハルメリン長官、アマン長官のアムノン・リプキン＝シャハク少将と話し合い、大まかな作戦を練り上げた。この作戦計画は10名の上級閣僚からなる小委員会でさらに検討され、シャミール首相以下過半数の賛同を得て実行されることとなった。この作戦の責任者には後の首相、エフード・バラク将軍に白羽の矢が立った。バラクはミュンヘン事件の報復として実行された「神の怒り作戦」の最中、ベイルートに乗り込んでPLOメンバーを暗殺した経験があり、またその後アマン長官も務めていただけに、この手の作戦には適任であった。

翌4月、この作戦のためにアラビア語に堪能な7名のモサド工作員がレバノンの偽造パスポートを携えてチュニジア入りし、アブー・ジハードの監視、並びにIDFの特殊部隊、サエレトを迎える準備を行っていた。既にモサドは1983年にアブー・ジハードの筆跡から彼の性格分析を行っており、「精確さと分析能力を持ち合わせた極めて知的な人物」ととらえ、標的を逃すことのないよう万全の準備を進めていた。

モサドが下準備を進める間に、イスラエル海軍のミサイル艦が30名のサエレトメンバーを密かにチュニジア沖まで運び、そこからサエレトはゴムボートで夜闇に紛れてチュニス郊外のビーチに上陸した。そこにはモサドの先遣隊が車を用意して待ち構えていた。またモサドは、チュニスに電波妨害装置を持ち込み、付近の無線、電話の利用を妨害し、サエレトの任務をバックアップしていた。モサドはリレハンメルやエンテベといった過去の経験から、外国敵地における作戦で一番困難なのは、任務遂行後の速やかな脱出にあることを学んでおり、そのための電波妨害であった。

4月16日の深夜、作戦は決行された。数名のチームに分かれたサエレトのメンバーが複数方向からアブー・ジハード邸に侵入し、4名のメンバーが彼を射殺した。用心深いアブー・ジハードは深夜の車の音に反応して拳銃を用意していたが、これは無駄な抵抗に終わっている。また彼の妻が現場に居合わせたが、彼女は射殺されずに済んだ。そしてチュニジア当局が現場に駆けつけた頃には、既に乗り捨てられた車だけが現場に残されていたのである。

アブー・ジハード暗殺に関して、イスラエル側はそれまでのように沈黙を守るのではなく、逆に今後の抑止を期待して作戦の内容をアメリカのマスコミにリークしたのである。そのためにこの作戦の内容は今日でも詳細に知ることができるが、当然のことながらこの作戦の公表は世論の激しい反発を引き起こすことになった。特に作戦に最後まで反対した、元IDF参謀副長で科学技術相のエゼル・ワイツマンは、テレビのインタビューで本作戦に対する不快感を露にしたのである。確かにダマスカスでジハードの盛大な葬儀が執り行われ、インティファーダはかえって激化する一方であった。

このような状況に際し、イスラエルの世論は苛立っており、マスコミはシャバクやモサドに対する批判を敢えて行ったのである。テルアビブの週刊誌「ハ・イル」がアドモニ長官の名前を伏せた上で、モサド長官の資質に疑問符を投げかけるような記事を掲載しようとし、検閲に引っかかった。もちろんモサド長官の個人名を出すことは明確な法律違反であったが、名前を伏せての批判は微妙なところであった。

軍検閲局はもしこの記事が公になればモサドの士気が著しく下がり、ひいてはそれがイスラエルの安全保障に影響を及ぼすと主張し、この議論は国家安全保障か表現の自由か、という問題に発展する。そしてイスラエルの高等裁判所はこの記事の内容を妥当と認める判決を下したために、イスラエルのマスコミはそれまでタブーとされてきた情報機関に対する批判記事を書くことができるようになったのである。これは当時画期的な判断と捉えられた。しかしマスコミの常として、失態については派手に書かれるが、成功については一切語られないため、モサドとしても了承しかねる部分があったのであろう。

イギリスでの失態

アドモニはモサド長官としては無難なやり方で、政権内部や他のインテリジェンス機関との確執を起こさずにやってきたが、ここにきてアドモニの過度な沈黙主義が外部からの批判に晒され始めたのである。この時、アドモニは職員を集めてこう言ったという。「私はこの一年間、過ちを犯さずやってきたと信じたいのだが」。

しかしこの時期、モサドは幾つかのオペレーション上の失態を犯している。アメリカと同じくイギリスでもモサドが情報活動を行わないことが両政府の間で暗黙の了解となっていた。ところが1986年に西ドイツ国内の電話ボックスで、モサドのオフィサーが偽造されたイギリスのパスポート8通に自分のパスポート、さらに機密書類が入ったバッグを置き忘れるという不祥事が明るみに出た。これはモサドがイギリス国内で何らかの活動を行っていることを示す証拠であり、イスラエル政府はイギリス政府に対して謝罪せざるを得なかった。

だがさらに問題は続いた。1987年7月、ロンドン在住のパレスチナ人漫画家、アリヤール・アドハミが、かつて「赤い王子」サラメの作り上げた暗殺組織、「17部隊」によって殺害されたのである。アドハミは風刺漫画家でアラファート議長をこき下ろす漫画を描き続け、ただそのためにロンドンで殺された。モサドはアドハミが17部隊のメンバーに殺害されたことは摑んでいたが、場所がロンドンなだけに、本来であればカウンターパートのMI6か、国内防諜を担当するMI5に知らせるべきであった。だがモサドはそれを怠った。この事件に際してスコットランドヤードは犯人を特定できず、事件はお蔵入りかに見えた。

ところがその1年後、イギリス北部のハルで、イスマイール・ソワンというパレスチナ人が爆発物の不法所持で逮捕された。彼のアパートから大量の爆弾が発見されたのである。警察の取調べで、ソワンは17部隊の精鋭である、アブドゥル・ラヒム・ムスタファの知り合いで、爆弾の入ったスーツケースはムスタファから預かったものであり、中身はしらなかったと供述した。実はムスタファこそが漫画家であるアドハミの暗殺を指揮した犯人であった。

しかし驚くべきは、ソワンはイスラエルのために働く二重スパイでもあったということである。ソワンはヨルダン河西岸地区に育ち、ベイルートでPLOにリクルートされた。その後さらに西岸地区でシャバクにもリクルートされ、その後彼はイギリスでモサドのためにもPLOの要人に接触する任務に就いていたのである。ソワンは軽率にも、司法取引を狙ってすべてをイギリス当局にぶちまけたのであるが、彼の願いは叶えられなかった。結局ソワンは懲役11年の刑に処されたのである。

ここでイギリス情報機関は、漫画家殺害からソワンの情報収集に至るモサドのイギリスにおける秘密工作を知り激怒した。事は既に外交問題となる勢いであったが、この難問に直面したアドモニは何ら手を打たなかった。関係者を処分するでもなく、イギリス側に事の真相を説明するでもなく、ただひたすら沈黙主義に徹したのである。

そして同年、アテネで二人のモサド工作員がPLOの幹部を撮影するために追い回し、逆に警察の厄介になるという事件もあった。程なくして災難続きのアドモニは辞任し、その後任にはシャブタイ・シャヴィトが就いた。シャヴィトはヘブライ大学で中東研究を専攻し、その後ハーヴァード大学ケネディ行政大学院でも学び、IDFの特殊部隊であるサエレトで活躍した経歴の持ち主であった。

オストロフスキーの告白

１９９０年9月、モサドは更なる苦難に直面することになる。元モサド工作員のビクター・オストロフスキーが『モサド情報員の告白』を出版し、モサドの内部事情を暴露したのである。

オストロフスキーはカナダ生まれのユダヤ人で、１９８１年までイスラエル海軍の士官として勤務し、その後モサドに移ったが採用から17か月後に解雇されている（彼の著作には、オペレーション失敗の責任を取らされて辞任したとある）。しかしその後オストロフスキーは、モサドの内実を暴露することで金銭的な欲求を叶えようとしたと考えられる。この著書の内容に関して精査することはできないが、何点かの内容はモサドにとって受け入れられないものであり、元モサド長官、イセル・ハルエルはこの著書に大激怒したという。

オストロフスキーはポラード事件について言及し、アメリカにおいて「ＡＬ」と呼ばれる24〜27名のモサド工作員が今なお活動中であることを暴露した。既述したようにモサド、ＣＩＡはお互いの国での情報活動を禁じていたが、モサドはこの取り決めを一方的に破っていたことが明らかになった。またモサドは１９８３年10月のベイルートの米海兵隊本部爆破事件（海兵隊員２１９名が死亡）を事前に摑んでおきながら、これをＣＩＡにはっきりと伝えなかったことや、モサドのスパイ養成所などについての詳細な記述が問題とされた。

イスラエル政府は本書がカナダ、及びアメリカで出版されることを防ぐために、法的手段に訴えようとしたが、これに失敗する。ニューヨーク連邦裁判所は、本書によってイスラエルの安全保障が危険に晒されるという明確な理由に欠けるとして、イスラエル政府の申し出を却下した。逆にこの法廷論争が宣伝となってしまい、本判決によって販売が認められると、イスラエル政府の意図に反して本書はベストセラーとなる皮肉な結果を招いてしまったのである。この問題は、以前にイスラエルのマスコミがモサド長官を批判したときのように、イスラエルの安全保障と表現の自由との軋轢であり、またもやアメリカでのこととはいえ後者が優先されてしまったのである。

この手の問題はイギリスMI5の元オフィサー、ピーター・ライトが『スパイキャッチャー』を出版した際にも問題となったが、やはりこのときも出版は認められており、この種の問題は明確に「国家機密」と定められた事項が記されていない限り、法的な出版差し止めは難しいといえるのである。もしモサドが内情を暴露されたくなければ、本の出版前にオストロフスキーを懐柔しておくべきであったが、モサドはカナダで彼の監視を怠ったのである。

ここにきてモサド内ではオストロフスキーの暗殺も検討されていたが、もしそれをやれば逆効果になるのは明らかであった。そのため、「たった17か月しかモサドに在籍していなかった者がモサドについて詳細な事情を書けるわけがない」といったような悪評を広めるしかなかったのである。だが逆に一般の読者にとって本書は、それまで秘密の向こう側にあったモサドの内実を伝えてくれる貴重なものとなった。

7．湾岸戦争とその後

湾岸戦争

1990年8月のイラクによるクウェート侵攻と、それに続く翌年の湾岸戦争は、モサドやアマンにとって青天の霹靂であったと言われている。クウェート侵攻の1週間前、イスラエルのモシェ・アレンス国防大臣がアマン長官のアムノン・リプキン＝シャハク少将、及びモサド長官シャヴィトを引き連れてワシントンを訪れ、当時のディック・チェイニー国防長官と会談しているが、この時、イスラエルからイラクのクウェート侵攻について明確な警告はなかったとされる。アレンスが後に国会で証言したところによると、この時議論されていたのは、イラン・イラクの大量破壊兵器開発についてであったようである。

1988年のイラン・イラク戦争終結後、モサドやアマンの関心事は、イラクの兵器開発にあった。さらに同地域ではアメリカのヒュミント網が弱かったので、イスラエルがそれを肩代わりし、イラクの大量破壊兵器に関する情報はモサドやアマンが担当することになっていたのである。

当時モサドは、イラク周辺の国々、及び支援する国の情報機関や政府を通じて情報を集め、イラクの兵器開発についての調査に取り掛かっている。１９９０年春頃にはモサドで、イラクが生物化学兵器を保有し、それがスカッドミサイルの弾頭に使われる可能性や、イラクの核開発について真剣に議論されていた。これらの情報に基づき、イスラエル政府は大量のガスマスクや避難所を用意することになる。ただしイスラエルが１９８１年にイラクのオシラク原発を先制攻撃していたことで、核弾頭を搭載したスカッドミサイルがイスラエルに撃ち込まれる危険は遠のいていたといえる。

さらにモサドは米英の情報機関に情報を流し、間接的にイラクの兵器開発を阻止しようとした。１９９０年３月にはアメリカの税関職員がイラクに密輸されようとした核爆弾の起爆装置と見られる「クライトロン」を押収し、その他にもイラクへの兵器の密輸を図ったグループが逮捕されている。

当時イラク政府はカナダ人技術者、ジェラルド・ブルを雇い、「バビロン計画」と呼ばれる新たな兵器の開発に着手していた。これは砲身の長さ１５０メートル、口径１メートルの超巨大砲（スーパーガン）を建造し、イラクから直接イスラエルを砲撃するという計画であった。計画によるとその射程距離は１５００キロもあったと言われている。かつて日本海軍が誇った戦艦大和の46センチ主砲の最大射程が40キロ程度であると言われているため、このスーパーガンがいかに巨大だったかが窺い知れる。

1990年3月22日、ブルはブリュッセルの自宅で何者かに銃殺された。この実行犯は特定されていないが、やはりモサドの関与が濃厚であると考えられる。さらにモサドは超長距離砲の情報をイギリス当局に流し、数週間後にはイギリスで製造され、港からイラクに向けて運び出されようとしていた巨砲の砲身が差し押さえられた。積荷には石油パイプライン用と記されていた。

またこの時期、モサドはドイツやフランスの民間会社がイラクの化学兵器開発に寄与しているという情報を摑み、欧米の情報機関に知らせていた。しかしどこの情報機関もこれをまともに取り合わなかった。当時のイラクは、イラン・イラク戦争のために疲弊しきっているというのが大方の見方であったからである。モサドも将来的にはサダム・フセインのイラクとの対決を予測していたが、当面はシリアの方を危険視していた。しかしイラク軍の回復が予測より早いことが明らかになると、今度はイラクが懸案となり、モサドはイラク国内の化学兵器工場やスカッドミサイルの発射場に対する先制攻撃まで検討するようになる。

しかしモサドの任務はあくまでも戦術的なものに留まっており、イラクの意図に関する警告は相変わらずアマンの領域であった。1988年以降、アマンの分析部はシリアとイラクを潜在敵国として認識しており、この認識はモサドと一致していた。１９８８年７月、アマンはクウェートがイラクの侵攻に晒される危険を指摘しており、これはイスラエルの指導層にも共有されていた。しかしアマンやモサドは、ぎりぎりの段階でイラクとクウェート間の外交的合意が成り立ち、戦争はないと判断したようである。

こうしてモサドとアマンはイラクのクウェート侵攻について明確な警告を出すことができなかったが、そもそもイラクが侵攻したのはクウェートであってイスラエルではないため、これは情報の失敗とは言えない。イスラエルのインテリジェンスは、イラクの潜在的脅威を指摘することができたため、モサドもアマンもその任務を果たしたと言える。

しかし湾岸戦争開始とほぼ時を同じくして、イスラエルはヨルダン空軍内に情報提供者として雇っていた、アブドゥル・ハフィズ中尉という貴重な情報源を失うことになる。ハフィズはモサドがハニートラップ（性的関係を利用して機密情報を要求する情報活動）によって獲得した人物であり、情報提供の見返りに月４０００ドルをモサドから受け取っていたとされる。当時ヨルダンとイラクは盟友関係にあったため、モサドはハフィズを通じてイラク軍の情報を入手することを期待していた。ところがハフィズ中尉はヨルダン当局の防諜活動によって捕らえられ、２月３日に処刑されてしまっている。

１９９１年１月に多国籍軍による対イラク戦闘が開始されると、イスラエルは守勢に立つこととなった。中東の政治力学を考慮し、イスラエルはアメリカにイラクの挑発に乗らないよう釘を刺されたからである。イスラエルはモサドを通じて、イラクのミサイル発射基地や化学兵器の開発拠点に関する情報をアメリカに提供したが、それでもイスラエルはイラクからのスカッドミサイルの爆撃に悩まされ続けた。イスラエルのメディアはこれをイスラエルのインテリジェンスの失敗と報じたが、既にこの段階ではすべてがアメリカ軍の作戦如何に懸かっていたといえる。アメリカの早期警戒衛星はイラクのスカッドミサイル発射を受け、その情報をIDFに伝えていたが、それは大抵着弾の数分前であまり役には立たなかった。この苦い教訓からもイスラエルは独自の偵察衛星を持とうとするのである。

イスラエルは既に1988年には実験用衛星「オフェク1号」、90年には「オフェク2号」を打ち上げていた。さらに湾岸戦争後の1995年4月には国産ロケット「シャヴィト1号」により、実用偵察衛星「オフェク3号」が打ち上げられた。「オフェク3号」は光学衛星であり、その解像度は約1メートルとも言われている。もしこのスペックが正しければ、当時としてはかなりの高性能である。その後「オフェク4号」は打ち上げに失敗しているが、2002年から2007年にかけて、「オフェク5号」、「オフェク7号」の打ち上げに成功しており、イスラエルは独自の偵察衛星を有する数少ない国の一つとなった。

ヤーシーン師の遺影（右端）の横で演説するハリド・メシャル（左端）
（2005年3月撮影）写真ロイター／アフロ

メシャル事件の失態

１９８０年代以降、モサドの威信は数々のスキャンダルや工作の失敗によって深く傷ついた。ダニー・ヤトム長官時代の１９９７年9月にも「メシャル事件」と呼ばれる失態を犯している。

これはモサドの工作員がヨルダンでイスラム原理主義組織、ハマスの有力指導者、ハリド・メシャルを暗殺しようとして失敗、チームのメンバー2名がヨルダン当局に拘束された事件である。そもそも事の発端は、ベンヤミン・ネタニヤフ首相がミュンヘン事件以来の「X委員会」を開催し、ヨルダンに潜むメシャルの暗殺を決定、指令したことにある。ただしイスラエルとヨルダンは１９９４年に平和条約を調印したところであり、微妙な時期での暗殺指令となった。

かつて「神の怒り作戦」で勇名を馳せたモサドの「バヨネット」が、カナダの偽造パスポートを携えてヨルダンに入国し、アンマン市内の雑踏で神経ガスの入ったスプレー缶をメシャルに吹きつけようとしたが、それに気づいたメシャルはガスを吹きかけられながらも逃走し、暗殺に失敗してしまう。しかもこの件でモサドのメンバー2名がヨルダン当局に逮捕されたのである。ヨルダン側はこれに激しく抗議し、2名の実行犯とカナダの偽造パスポートを盾に、イスラエル政府に対して神経ガスの解毒剤を提供するよう求めた。モサド長官ヤトムはこの要求に屈し、解毒剤を提供してメシャルの命を救った上に、国内に収監中のハマスの創設者、アフマド・ヤーシーン師の解放を余儀なくされたのである（その後2004年3月にヤーシーン師はIDFの部隊によって暗殺された）。

またその後もモサドの工作員がスイスで逮捕され、裁判所で裁かれるという失態が明るみに出ており、2003年11月にもニュージーランドで失態が繰り返された。これはニュージーランドの偽造パスポートを入手しようとした二人のモサド工作員が当局に逮捕され、6か月の懲役を言い渡された事件である。もはやモサドにとってアイヒマン捕獲作戦や「神の怒り作戦」は、輝かしい過去の出来事となっていたのである。

モサドの再建

モサドは2001年の9・11同時多発テロ、そして2003年のイラクの大量破壊兵器問題においては、的確な情勢判断を下すことができなかったと言われている。9・11につ

2001年12月、15代首相シャロン（左）と
語り合うエジプトのマヘル外相（右）。奥はモサド長官のハレヴィ
写真 Amos Ben Gershom　The Government Press Office, Israel

いてはハレヴィがその著作『イスラエル秘密外交』の中で記しているが、モサドは全くこの前代未聞のテロに関する予兆をキャッチできなかったようである。イラクの大量破壊兵器の問題に関しては、モサドが本当にイラク国内の情報を集められなかったのか、もしくは最初から大量破壊兵器などないことを知っていたのか、現段階ではまだこれに対する明確な答えは見出せないだろう。

しかし少なくとも20世紀末あたりからモサドの工作能力や情報分析能力に問題が生じていたことは明らかである。1998年に、ネタニヤフ首相が一度はモサドを退いたハレヴィを呼び戻して長官に据えたのは、モサドの立て直しを期待してのことであった。さらにネタニヤフは副長官にＩＤＦで豊富な実戦経験を有するアミラム・レヴィン少将を就け、海外工作部門の立て直しを図り、将来的にはレヴィンをモサド長官に据えようとした。しかしこの試みは上手くいかず、結局レヴィンはハレヴィとともにモサドを去った。

またハレヴィはＣＩＡを手本として、かつてメイル・アミットが試みたように、モサドを情報収集部、情報分析部、工作部の三つの柱からなる近代的な情報組織に変貌させようとしたが、この改革は現在も進行中であると言われている。

ハレヴィの後を継いだ長官、メイル・ダガン将軍は、１９６３年にＩＤＦに参加後、アリエル・シャロンの下で南部方面軍司令官やレバノン侵攻を指揮した作戦畑の軍人である。また彼の両親は、ナチス・ドイツによるホロコーストの生存者であった。ダガンはイスラエルの安全保障上の脅威がイランとシリアの核開発にあるとして、事ある度にこの危険性を警告してきた人物である。

実際、ダガン長官下のモサドは潜在敵国の核開発に神経質になっており、幾つかの破壊工作に関与してきたと考えられる。例えば２００９年5月19日付の「ウォールストリート・ジャーナル」紙によると、ＩＤＦは２００６年7月にはヒズボラの有するロケット兵器庫を破壊し、２００７年7月にはシリアのスカッドミサイル生産工場を、同年9月には核兵器開発に関係するとされたシリアの施設を空爆して破壊したといわれている。さらに２

008年8月にはシリアの核開発に携わり、ヒズボラやハマスとも関係を持っていたとされる、ムハンマド・スレイマン准将が遠距離狙撃によって暗殺されるという事件まで生じた。これらの作戦は、モサドやアマンによる情報収集活動と連動したものであると推察されるのである。さらに記憶に新しい2008年12月からのガザ侵攻作戦、「鋳られた鉛作戦」においては、ハマスの貯蔵する多くの兵器、並びにイランからガザ地区に密輸されようとしていた兵器がIDFによって破壊された。

しかしこれらの攻勢は概ね戦術的なものであり、大局に立てば逆に中東情勢を混乱させている可能性すらある。ダガン長官は工作部門を重視し、モサドを「戦う集団」にすると宣言したが、これを上手く実行することができず、逆に不満を感じた200名のベテラン職員の一斉辞職という事態を引き起こしてしまった。モサドの再建は未だ道半ばの状況であると言えよう。

またダガン長官時代の2006年7月、ヒズボラによるイスラエル兵誘拐に対する報復として、IDF部隊はレバノンへの空爆の後、再び国境を越えてレバノンに侵攻したが、またもや惨憺たる結果に終わった。これを受けてエフード・オルメルト首相は、元モサド長官ナフム・アドモニに対して調査を依頼していたが、同年9月18日に正式な調査をエリヤフ・ヴィノグラード元判事に依頼した。このヴィノグラード委員会は、2007年4月30日に中間報告をまとめ、2008年1月30日に最終報告書を政府に提出している。報告

モサドの求人案内（日本語訳は 273 ページ）

書は、オルメルト首相、アミール・ペレツ国防相、ダン・ハルーツ参謀総長の政治的過失を認めるものであった。

第二次レバノン侵攻の構図は、１９８２年のレバノン侵攻のものと似通っており、今回もインテリジェンスの失態というよりは、上記の三者が強引にレバノン侵攻を実施し、ヒズボラによる手痛い反撃を受けた形である。ただしモサドやアマンの過失を問うとすれば、事前の情報分析の甘さから政治家に対して強硬な反対をしなかったという点が挙げられる。イスラエルのインテリジェンスは、ヒズボラの戦力や練度にテロリスト以上の評価を与えてこなかった。ところが実際に戦ってみると、ヒズボラの戦闘部隊は国家の正規軍に匹敵する装備と練度を備えた「軍隊」であり、これを過小評価したイスラエルは手痛い目に遭ったのである。

レバノンでの軍事的失態を受け、オルメルト首相は議会でレバノン侵攻が失策であったことを認め、2007年1月17日ダン・ハルーツ参謀総長は戦争の責任を取って辞任している（ただしハルーツは国内の株売買にまつわるスキャンダルによっても辞任を迫られていた）。さらにペレツも本件が原因で、エフード・バラクに労働党党首の地位を奪われたのである。

第六章　イランとの暗闘

1. ダガン長官の解任

２０１０年１月19日の夜、ドバイの高級ホテル「アルブスタン　ロタナ」の２３０号室において、殺人事件が発生した。被害者はハマスの軍事部門の幹部で、武器調達責任者のマフムード・アル＝マブフーフであった。ドバイ警察の発表によると、死因は筋弛緩剤を投与された後に、枕を押し付けられたことによる窒息というものであった。マブフーフはハマスにおいては武闘派と見られており、１９８９年には２名のイスラエル兵の拉致、殺害に関与していたとされ、その後はイランで武器を調達し、それをガザ地区に密輸する役割を担っていた。

モサドの方でもマブフーフに対する監視を続けていたが、ダガン以前のモサド長官は露骨な暗殺工作はなるべく避けたいという意識が強かった。しかしダガン長官はマブフーフのドバイ行きの情報を得ると、即座に暗殺作戦の実行を決断している。その指令は決行のわずか4日前であった。実行犯はモサドの工作担当班から27名が選ばれ、それぞれが、チューリッヒ、ローマ、パリ、フランクフルトを経由して、マブフーフに先行する形でドバイに入国し、ターゲットが滞在する予定のホテルに潜む形となった。

マブフーフがホテルにチェックインしたのが、1月19日の午後3時35分。その頃には暗殺実行チームが、マブフーフの部屋である230号室のすぐ近くの部屋に陣取っていたのである。マブフーフは一旦、仕事のため外出しているが、その隙にモサドのチームが230号室のドアキーを開錠し、4名の暗殺者が部屋の中でターゲットを待ち構え、午後8時半頃に作戦は実行された。そしてその2時間後には暗殺チームの全員が何事もなくドバイ国外へと脱出したのである。暗殺者たちはカード類も一切使わず、足跡も残らないはずであった。ここまではダガン長官が褒め称えたように、完璧であった。

当初この事件は部屋の内側から鍵がかけられていたため、身元不明の男性の病死として片付けられていたが、マブフーフとの連絡が取れなくなったハマスのメンバーからドバイ警察に対して、亡くなった男性がハマスの幹部であることが伝えられている。この情報提供を受け、ドバイ警察は事件現場のホテルを始めとするドバイ中の監視カメラの映像を集め始め、捜査を開始したのである。その結果、2月28日にはドバイ警察長官、ダヒ・カリファーンがマブフーフ殺害事件にはモサドの関与があったとして、実行犯と見られる11名の監視カメラの画像とイギリス、アイルランド、オーストラリア、フランス、ドイツのパスポートが使用されたことを公表した。ドバイの空港やホテルの監視カメラが捉えた映像はぼかし等の加工もされず、そのまま世界中に公開されており、普通のカジュアルな服装の若者たちがモサドの暗殺者であったことが、世界中に知れ渡ることとなった。

一方のモサドにとっては、ドバイ警察がここまで徹底するということは想定外であったようで、さらに部内関係者の顔写真が世界中に晒されてしまったというのは前代未聞の出来事であった。ドバイ警察は暗殺事件の責任者として、モサド長官であるダガンを名指しで非難するに至ったが、モサド、並びにイスラエル政府の関係者たちはこれを認めなかったのである。

更なる問題はパスポートを不正に使用された国々であった。5か国の外交当局は使用された一部は本物ではあるが、その多くは偽造であると主張している。例えばイギリス外務連邦省はモサドが偽造旅券の作成に関わったとして、在英のイスラエル外交官（恐らくはモサドの職員）を「好ましからぬ人物」として国外退去処分としている。本書でも述べてきたように、モサドは過去ロンドンで問題を起こしてきた経緯があるため、イギリス政府としても厳しい処分に出たようである。オーストラリア等もこのイギリスの対処に準じ、さらにポーランドではドイツのパスポートを使用したとされるモサドの職員が逮捕されるという事案まで生じた。事はイスラエルと西側諸国との外交問題へと発展したのである。

事態がこれ程大きくなれば、モサド長官であるダガンの責任問題は免れなくなる。自他ともに認める武闘派であったダガンは、長官の任にあった8年間に積極的な対外工作を進めたが、今回は逆にそれが仇となったといえる。既にダガン長官はベンヤミン・ネタニヤフ首相とイラン問題をめぐって対立していたとされるが、マブフーフ事件はこの対立に終止符を打つ形となった。最終的に2011年11月、ダガンはモサド長官を解任されている。後任には、「エンテベの奇跡」に参加した経験もあり、モサドではダガンの下でNo．2を務めていたタミル・パルドーが選ばれた。パルドー新長官がまず着手したのは、ダガン前長官から受け継いだ対イラン工作、つまりイランの核開発への対処であった。

2．連続するイラン人科学者の不審死

2003年にフセイン体制が崩壊したイラクが混乱するに至ると、差し迫ったイスラエルの対外的な脅威はイランの核開発となった。かつてイスラエルは中東で核開発を試みる動きがあれば、それがイスラエルの安全保障にとって重大な脅威となるとして、事前に封じる方針を貫いてきた。本書でも触れたように1981年にはイスラエル国防軍（IDF）の空爆によってイラクのオシラク原子炉が破壊されているし、2007年9月5日にはIDF同じくIDFがシリアのデリゾールで建設中の原子炉に対して空爆を敢行している（I

DF は2018年3月になってようやく公式に空爆を認めた)。これらの前例から、ネタニヤフ首相も対イラン軍事攻撃を主張していた。

しかしイランの場合、IDF の戦闘爆撃機では航続距離が足りない上、イランとイスラエルは国境を接していないため、爆撃を敢行するためにはシリア、ヨルダン、イラク、トルコ等の領空を通過しなければならず、これらの国々が IDF の戦闘機の通過を認めないことが予想された。またイラン側もイスラエルの空爆を恐れてロシア製の対空ミサイルや対空砲を備え、さらに核開発施設の一部を地下に移しているためその破壊は容易ではない。そしてイランの場合はロシアの後ろ盾があるため、アメリカが政治的にハイリスクな軍事攻撃を認めるかどうかも微妙なところであった。このような理由からモサドのダガン長官はイランへの軍事攻撃はリスクが高いと判断し、モサドの秘密工作によってイランの核開発にブレーキをかけようと試みていたのである。

当時ダガンは、イランの核開発を一時的にでも止めるために5つのプランを検討している。それらは、①国際的な対イラン包囲網の形成、②対イラン経済制裁、③イラン国内の少数民族グループへの援助、④イランへの核原料物質の供給遮断、⑤核開発関係者の暗殺、であった。既に2006年12月にはイラン非難決議が国連で採択され、対イラン経済制裁は実行されていたが、イラン側は核開発計画を放棄するどころか逆に加速させようとしていた。そこでダガンは15名のイラン人核物理学者のリストを作成して、モサドによる暗殺作戦を実行する決心をしたのである。

その最初の犠牲者は、当時44歳のイラン人物理学者、アルダーシル・ホセインプール博士だったとされる。博士は2007年1月12日にイスファハーンの核技術研究所で放射性ガスを浴びて亡くなった。この件は事故か暗殺なのか判然としないが、2007年2月4日付けのイギリスの『サンデー・タイムズ』紙は、これをモサドによる暗殺工作だと報じている。その後、2010年1月12日にはテヘラン大学の物理学教授、マスード・アリ＝モハマディ博士が自宅前に駐車してあった車に乗ろうとしたところ、その隣に止めてあったバイクが突如爆発し、死亡するという事件が生じた。これは明らかに博士を狙ったものであったが、実行犯については何もわかっていない。

2012年1月12日には、ナタンズのウラン濃縮工場に勤務していた核物理学者のモスタファ・アフマディ＝ローシャン博士がテヘランの路上で暗殺されるという事件が生じた。二人組の犯人は博士の乗る車にバイクで近づき、後部座席の下側に吸着式の爆弾を仕掛けて博士のみを殺害している。隣に座っていた博士の妻は軽傷で済んでおり、その手法はプロの仕業であったことがわかる。イラン政府は早速声明を発表し、この犯行がイスラエルの仕業であるとして非難したのであった。こちらも実行犯については判らないままではあるが、恐らくは何らかの形でモサドが関わっているものと推察される。

モサドの工作に詳しいローネン・バーグマンによれば、一連の暗殺工作はイスラエルによる単独行動であり、法律的な規制があるアメリカの情報機関には事前通告なしに行われていたそうである。この点についてマイケル・ヘイデン元CIA長官はバーグマンのインタビューに答える形で次のように述べた。「それらの件についてアメリカは何の関係もない。明らかに非合法であり、CIAはそのような活動を認めることも擁護もしない。しかし私の直観からいえば、科学者達の死は（イランの）核開発計画に多大な影響を与えたのではないか」。ヘイデンが語ったように、一連の事件はイラン人科学者への警告となり、多くの科学者が政府の核兵器開発プロジェクトに参加することを避けるようになったとされる。ただし暗殺のような非合法活動でなければ、アメリカの情報機関にも出番はある。この時期、アメリカのCIA、国家安全保障局（NSA）とイスラエルのモサド、軍事情報部は対イラン秘密工作のための密かな計画を進めていたのである。

3. スタックスネット

２０１０年9月28日、イラン鉱業省の情報技術部門幹部は、イランが海外から大規模なサイバー攻撃を受け、産業用パソコン約３万台にコンピューターウィルスの感染が見つかったと公表した。その後、11月29日にイラン大統領、マフムード・アフマディネジャードは、同国のウラン濃縮工場の遠心分離機がウィルスに感染していたことを認めたのである。このウィルスは「スタックスネット（Stuxnet）」として知られるワームの一種である。スタックスネットは、同年6月17日にベラルーシに拠点を置くセキュリティ・ソフト会社が発見していたが、当時、このニュースは注目を集めなかった。しかしこのイランへの攻撃によって、たちまちスタックスネットはサイバー業界における関心の的となったのである。

スタックスネットは極めて高度なワームとして知られている。一旦端末への侵入に成功すると、自身を自動的に更新して存在を悟られないように潜伏する。そしてドイツのシーメンス社製の工場向けプラント制御用ソフトウェアを発見すると攻撃を開始し、制御システムのファイルを書き換えてしまうのである。その結果、同制御システムによってコントロールされる機器は設計通り作動しなくなる。このシーメンス社の制御システムは、イランのナタンズにあるウラン濃縮施設の遠心分離機にも使用されており、スタックスネットはこの遠心分離機のモーターを制御するシステムに干渉し、モーターの回転速度を変化させるような書き換えを行ったものと推察されている。そうなるとウランの濃縮が想定されていた通りに行われず、核兵器開発に必要な濃縮ウランが十分に生産されなくなるのである。

さらにこのワームはネット経由だけでなく、USBメモリ等を介在して感染を広げることができる。つまり新品のUSBメモリであっても、一度感染した端末につないだ途端、それが感染の媒体となってしまうというものであり、それはネットにつながっていないスタンドアローンの端末であっても感染する危険性があるということを意味していた。

問題はこれ程のワームをどこが作り出したのかということである。様々なニュースやレポートが、アメリカのサイバー戦を担うＮＳＡとイスラエルによる共同作業であることを示唆しているが、今のところ明確な証拠はない。さらにイスラエル側ではモサドやＩＤＦのサイバー・通信情報部隊である８２００部隊の関与が噂されている。２０１２年６月には『ニューヨーク・タイムズ』紙が、「ＮＳＡと８２００部隊がスタックスネットをイラン攻撃用に作った」と報じた。

ただしスタックスネットの開発のためには、まずナタンズのウラン濃縮施設の制御システムにシーメンス社製のものが使われていることを調査し、遠心分離機の現物を入手する必要もあったであろう。さらに実際にシステムに感染させるためには、部内者の協力が不可欠であるため、そこにモサドの関与があっても何の不思議もない。二〇一六年よりモサド長官となるヨシ・コーヘンは、モサドの特殊工作部門に属していた頃に８２００部隊と協力し、人的情報（ヒュミント）と通信傍受情報（シギント）との融合を図った「ヒュギント（HUGINT）」という概念を打ち立てた。つまりスタックスネットの成功は、モサドの人的な内通者の獲得と８２００部隊のサイバー技術を結びつけたことが大きく、この功績によりコーヘンはイスラエル安全保障賞を授与されている。

このようにスタックスネットはサイバー分野においてもイスラエルの存在感を見せつけてはいるが、このようなサイバー攻撃もイランの問題を先送りしているにすぎない。つまりモサドのやり方では、イランに核兵器開発計画を放棄させる根本的な解決策がないということである。ただしモサドは2005年頃に、イランが2015年までには核武装すると予測していたが、2018年に至ってもまだその段階には達していない。その理由はモサドによる執拗なまでの妨害工作と、それによって外交的な解決に持ち込むための時間を稼げたことが大きい。2015年7月にはイランと米英仏独中露の間でイランの核開発を制限する核合意が結ばれ、外交的な解決が図られたのである。

この合意によってイランの核武装は遠のいたように見えたが、その後、事もあろうか2018年5月には米国のトランプ政権が合意からの離脱を表明した。対イラン強硬派のネタニヤフ首相は合意からの離脱を望んでいたと言われているが、これで再びイスラエルはイランの核開発計画阻止に傾注する必要が生じてきた。核問題を措いてもイランはハマスを支援し、シリア問題を通じてイスラエルに圧力をかけ続けており、モサドとしてはこれも看過することはできないのである。

現在のモサド長官、コーヘンはサイバー分野に明るく、自身が考案した「ヒュギント」を駆使して今後もイラン情勢に関わっていくことになると見られている。まだしばらくの間、モサドはイスラエルの安全保障にとって必要不可欠な存在であり続けるであろう。

おわりに

モサドと政治的諸勢力

モサドは組織を規定する根拠法を有していないため、時には暴走する危険性を秘めている。しかしイスラエル国家がアラブ諸国という潜在敵国に囲まれ、常に安全保障上の緊張状態に置かれているという状況は、モサドにも緊張感を与え、組織的な腐敗や暴走といった問題は今のところ影を潜めている。

またイスラエル国内の諸勢力から見た場合、モサドの置かれている状況は国際政治のバランス・オブ・パワーに通じる側面を持つ。モサドは法律的制約のない分、他の政治的諸勢力とのバランスの中で自らを律し、その上で組織を有効に機能させなければならないのである。モサドの半世紀以上に及ぶ歴史を紐解けば、モサドがどの諸勢力との関係に苦慮してきたかは帰納的に導き出されよう。それらは恐らく、モサドと首相との関係、他の情報機関との関係、諸外国情報機関との関係、マスコミとの関係あたりが重要な要素であると考えられる。

首相の情報官

モサドはその設立時から首相に直結し、首相の情報官として機能することが期待されてきた。初代長官シロアッフや2代目ハルエルとベン＝グリオン首相の紐帯が確固としていた時代には、モサドは極めて有効に機能した。逆に1980年代のホフィ、アドモニ長官の時代には首相との関係が希薄になり、様々なスキャンダルを招いた。1980年代までの問題は、モサドを始めとする情報機関が労働党寄りであったということであり、リクードが政権を握り始めるとモサドと時の政権との間で確執が生じたのである。ただし現在のモサドはこの問題を克服しているように見える。

またイスラエルの歴代首相は軍歴やインテリジェンスの経験を有している人物が多く、諸外国の指導者に比べると情報の利用には長けている。従ってモサド長官はこれらの人物の情報要求に応えられなければならない。もしそれが困難であれば、首相は軍部や側近のアドヴァイザーに頼ることとなろう。そうなればモサド長官は首相の信頼を失うことになり、モサドの地位は危ういものとなってしまう。

情報コミュニティーにおけるモサド

他の情報機関との問題は、イスラエルの情報コミュニティーにおいてモサドと競合する組織が存在しているということである。例えば1950年代から60年代にかけては、軍事情報部のアマン、そしてその後は同じく軍の秘密機関であるラカムなどがモサドとの縄張り争いを起こした。こういった他組織との競合関係は、モサドの活動に緊張感を与え、その暴走を防いできた要因の一つであるといえる。

これら諸機関に対してモサドが「同輩中の首席」でいられるのは、モサド長官がイスラエルの情報コミュニティーを束ねるヴァラシュ委員会の長を務めていること、そしてモサドが首相に直結する機関であるためである。モサド長官は週に一度は首相と、それとは別に歴代の首相が居並ぶ国会の国防・外交委員会においても定期的にブリーフィングを行う義務を負っているのである。

モサドは2000年に、アマン、シャバクとの間で「マグナ・カルタ2」と呼ばれる取り決めを行い、お互いの任務の線引きを図った。これによるとアマンは情報評価の分野における優位を認められ、隣国、及び潜在敵国に対する情報収集の役割を与えられた。そしてそれらの情報収集手段は技術的方法によるものとされた。アマンも「504部隊」というヒュミント組織を有してはいるが、その活動は上記の隣国及び潜在敵国に限定されている。

これに対してモサドの活動は、地理的な要因に縛られないことが定められた。半世紀の間にモサドの活動領域は中東・欧州から世界中に拡大し、1990年代にはスカッドミサイルの供給源と見られる北朝鮮においても活動を始めた。現在のグローバルな世界において、イスラエルへの脅威は平壌やカラチなど世界中からやってくるようになったのである。そしてシャバクには、パレスチナ人によるテロ活動の抑止の任務が与えられた。これによってシャバクは厳密な意味でのテロ情報しか収集できなくなったが、その代わりにアマンやモサドから情報が提供されるようになった。

このように「マグナ・カルタ2」では、モサド、アマン、シャバクの間に明確な線引きを行い、それぞれの任務を再確認したのである。ただし第四次中東戦争の反省から再設置された外務省の政治分析センター（CPR）についてはその役割が曖昧なままである。政治分析センターは省内の情報や公開情報によって、手堅い国際情勢分析を行ってきた。しかしモサドやアマンはこの組織を無視し続けてきたし、歴代の外務大臣も政治分析センターよりもモサドやアマンの見解を重視してきた。従って今後はこの組織とモサドの関係を規定していく必要性がある。

また最近では旧ソ連・東欧圏でユダヤ人のイスラエル移住を援助するナティーフも、その活動がモサドと重複することが問題となっている。2000年にバラク首相はダニー・ヤトム前モサド長官に対して、ナティーフの存続に関する再検討を命じた。モサドから見てもナティーフの存在はあまり好ましいものではなかったが、この時の検討では、ナティーフの人員は徐々に減らしていくにせよ、急な解体は行わないという結論であった。今でもナティーフは５００名程度の人員を抱えていると言われており、イスラエルの情報コミュニティー内ではその行く末が注目されている。

諸外国の情報機関、及びマスコミとの関係

諸外国との情報共有については、これはほとんどＣＩＡとモサドの関係と言っても良い。いくらモサドが首相直結の組織であり、法的な制約が課せられないといっても、海外で好き勝手ができるわけではない。第三次、第四次中東戦争の直前において、モサドはＣＩＡを通じてアメリカ政府とのコンセンサスの成立に力を注ぎ、それなしに戦争に訴えるようなことはしなかった。ＣＩＡの協力なしには、モサドはアメリカの貴重なテキント（衛星写真や通信情報）などを入手することができないし、またモサド長官はイスラエル首相とアメリカ合衆国大統領の間のパイプ役として機能しなければならないのである。

ハレヴィはＣＩＡのジョージ・テネット長官との関係について回想し、「私のメッセージが大統領に直接伝わっていることはわかっていたし、向こうも私が首相と直接会って、自分が聴いたことをありのままに報告することを知っていた」と書き残しており、今でもモサド長官がイスラエルとアメリカの裏の関係を支えていることが窺い知れる。逆に言え

ば、イスラエルが積極的な対外攻勢に出る場合、それはモサドとCIAの間で既に暗黙の了解が成立していることを意味するのである。

長らくモサドはCIAやMI6の反感を買うような工作については自粛することを強いられてきた。1951年以降、モサドは米英国内で情報活動を行わないことを自らの義務として課してきたのである。ところがポラード事件やオストロフスキーによる暴露、またイギリス国内での情報活動の露呈は、このようなモサドの自己管理が緩んでいることを明らかにしてしまったのである。

マスコミとの関係については比較的新しい課題である。イスラエルのマスコミと情報機関の間では、イスラエルの安全保障に関わる情報活動については報道しない、というのが長年暗黙の了解となっており、また情報機関の長の名前や写真を公表することも法律で禁じられてきた。

ところが1980年代に入ると情報機関のスキャンダルが次々に明るみに出たため、イスラエル国民はそれらに関心を持つようになった。マスコミもイスラエルの情報機関について報じ始め、また国内の裁判所もある程度までは表現の自由を認める判決を下している。そのため、軍の検閲官も長官の名前の公表がイスラエルの国家安全保障を危うくするとは考えず、マスコミはようやく1996年になって、シャヴィトの後を継いだダニー・ヤトムの長官就任について報じることができたのである。

現在ではモサド自ら長官の名前と写真を公表し、マスコミに対しても協力的な態度を示している。もはやモサドを始めとする情報機関も、国民の理解なしにはその活動を進めることができなくなってきているのである。

モサドとこれら諸勢力とのバランスは、実際の政治力もさることながら、信頼や道義に基づいている所も大きい。それは首相とモサド長官の関係や、モサドとCIAの関係に大きく関わってくる分野である。もしモサドが独善的に作戦を進め、これら諸勢力との信頼関係を損ねた場合、それはモサドにとって決定的なダメージとなることが予想されるのである。

モサドの存在意義

基本的にモサドの存在意義はその設立当初からあまり変わっていない。それらは既述したように、①アラブ諸国に関する情報を集め、イスラエル国家の安全保障を確立する、②モサドが首相に直結する情報機関となることで、他の情報組織を纏め上げる、③モサドとCIAの紐帯によって、イスラエルとアメリカの関係を裏から支える、というものであろう。現在、モサドの抱えている課題は多いが、その中でも外周戦略については見直さなければならない時期に来ていると考えられる。

イスラエル建国時の外周戦略は、シリア、ヨルダン、エジプト、イラクなどの周辺アラブ諸国に対抗するために、その外側に存在するトルコ、イラン、スーダン、エチオピアなどとの関係を樹立し堅持するというものであった。長期的な観点から見れば、モサドはこの戦略を実現するために活動してきたとも言える。

しかしイスラエル建国から70年が経った今、中東の地政学は大きく変化した。エジプトやヨルダンとイスラエルの関係は安定し、イラクのフセイン政権は崩壊した。逆に周辺のイランは核兵器開発に乗り出し、イスラエルの潜在敵国となった。スーダンやエチオピアは1970年代以降ソ連の勢力圏となり、冷戦終結後は混乱したままである。

モサドはこのような地政学上の変化に中長期的視野から対応していかなくてはならないが、冷戦終結後には外周戦略に代わる長期的な戦略が見出せていないようにも見える。当面はハマスやヒズボラの背後にいるとされるシリアやイラン、また核開発をめぐるイランとパキスタンの関係に着目しながら、イランの核開発、またハマスやヒズボラに関する戦術的な情報を収集していくことになるのであろう。ただし中長期的戦略のない所でインテリジェンスは有効に機能しないということは指摘しておかなくてはならない。

2006年7月のIDFによる第二次レバノン侵攻や、2008年末から2009年にかけて実施されたガザ侵攻はまだ我々の記憶に新しい。21世紀になってもイスラエル国家にとって、モサドがその外交・軍事戦略を支えていく上で不可欠の存在であることには変わりないのである。

あとがき

２００８年冬、本書内にも登場する前モサド長官、エフライム・ハレヴィ氏のお話を拝聴する機会に恵まれた。それまでもテルアビブやケープタウンで、イスラエルの元情報関係者や研究者から幾度も話を伺ってきたが、やはり現場の人々の感覚は、我々日本人とはかけ離れたものがある。

例えば２００３年のイラク戦争に関して、「イラクに大量破壊兵器が見つからなかったのに戦争に訴えたのは情報の失敗ではないか」と質問すると、彼らは大抵「たとえ90パーセント安全とわかっていても、10パーセントは不確実な部分（リスク）が残る。もしその10パーセントの確率で相手が大量破壊兵器を持っていれば、我々は甚大な損害を受けるかもしれない。それを防ぐには行動するしかない。大量破壊兵器が見つからなかったのはあくまでも結果論でしかないのだ」と反論する。またモサドやシャバクによる要人暗殺の是非を問うと、「イスラエルの安全保障の確保のためには仕方がないこと」と主張する。このような議論を通じて、イスラエルの情報機関、特にモサドにとっては、イスラエル国家の安全保障こそが何よりも優先する事項であることを改めて認識した次第である。

ただし私は、イスラエルによる要人暗殺には未だに納得していないし、モサドのオペレーションを手放しで礼賛するつもりもない。モサドの数々の秘密工作が、パレスチナ問題を複雑化させてきた側面も看過できないだろう。しかしイスラエルの立場から見れば、モサドが国家の生存にとって必要不可欠なものであることもまた事実なのである。個人的には、インテリジェンスの分野でイスラエルとは対極ともいえる位置にある日本が、イスラエルの情報運用から学べる部分もそれなりにあるのではないかと考えている。

本書を執筆したのは、モサドのような特殊な組織が、政府の中でどのようにコントロールされているのか、という政治学的な関心からである。一般的に情報機関に許される権限と、政府によるそのコントロールは難しい問題である。旧ソ連やアメリカのように情報機関の中央集権化を進めると組織の権力は肥大化し、政治的影響力を持つようになる。その反対に戦後の日本では情報機関に大きな権限を与えてこなかった。

モサドの場合は、組織を規定する法律を持たないまま強力な権限を与えられたため、いつ暴走や腐敗を犯してもおかしくないのだが、幸いにも過去60年間、幾つかのスキャンダルは散見されるものの、モサドの存在基盤を揺るがすような大失敗は犯していないといえる。本書ではこれまで何がモサドの暴走を抑止してきたのか、といった点について考察してきた。ただし机上の空論となることを恐れ、本書の執筆過程で少しでも現場の様子を知るように努めた。

また中東情勢について門外漢の私がこのような書を記すことができたのは、２００８年から客員研究員として在籍している、英国王立防衛安保問題研究所（ＲＵＳＩ）での研究環境によるところが大きい。１８３１年にかのウェリントン公爵によって設立された本研究所では、定期的に中東問題やインテリジェンスについての勉強会が開かれており、そこでは英国のみならず、中東からも実務家や研究者を招いての議論が交わされた。また同僚との日々の意見交換も、本書の構想を練る上で良い刺激となった。

ＲＵＳＩの他にも、英国国際戦略問題研究所（ＩＩＳＳ）やロンドン大学、ブルネル大学、オクスフォード大学やケンブリッジ大学などのインテリジェンス・セミナーから得たものも大きかった。インテリジェンスや安全保障を学ぶものにとって、このようなセミナーで専門家と議論を交わすことは、膨大な専門書を読み込むに等しい価値があったように思える。これらのセミナーでは、私のような部外者でも知的サークルの一員として迎えていただき、感謝してもし切れない。

最後に、本書出版のためにご尽力いただいた、新潮社の庄司一郎氏に感謝申し上げたい。氏は中東放浪癖があるようで、同地域に関する造詣がとても深く、私の草稿に対しても逐丁寧なコメントをくださったのである。

２００９年５月　ロンドンにて　　小谷　賢

「あとがき」追記

『モサド』の初版は２００９年６月に発刊された。その後９年間に中東情勢は激動に見舞われた感がある。まず２０１０年にはアラブの春と呼ばれた民衆によるデモ騒乱が起こり、アラブ諸国の政治体制は根本から変革を迫られることになる。そしてその混乱に乗じてシリアとイラクに跨る領域にイスラム国（ＩＳ）が突如として現れ、勢力を広げつつ欧米諸国で多くのテロを引き起こしたのである。幸いなことに２０１７年10月にはＩＳの首都ラッカが陥落し、その勢いは削がれたものの、依然としてシリアは混沌とした状況のままである。そしてこの背後にはイランが控えているとされ、イランはシリアからイスラエル国境に対してドローンを飛行させるなど挑発的な行為を繰り返している。

他方、イラクでフセイン体制が崩壊以降、イスラエルにとって安全保障上最大の懸案はイランの核開発となった。ネタニヤフ首相は２００９年の再登板以降、積極的に対イラン空爆作戦を実施しようとしたが、イランへの攻撃はその背後にいるロシアをも刺激し、パンドラの箱を開けることにもなりかねない。歴代のモサド長官はこの危険性を見抜き、なんとか秘密工作によってイランの核開発を押しとどめようと努力してきたのである。そしてモサドは核物理学者の殺害やスタックスネット等を駆使して、イランの核武装までの時間をなるべく長く稼ぐことに成功した。その手段はかなり冷酷なものではあるが、イランは２０１８年の段階でも核武装を実現しておらず、モサドはイスラエルの安全を守りぬくというただ一つの目標を達成したといえる。本書はこのようなモサドの対イラン工作を、第六章として新たに加筆したものである。

日本ではイスラエル情勢についてニュース等で報じられる機会はあまりないが、欧米ではイスラエル、更にはモサドに対する関心は今も高い。筆者の専門は日米英のインテリジェンスであるが、欧米で行われるインテリジェンスの学術的な会合や実務家の会議等に出席する度に、中東関係の会合にも参加して最新の情報を集めることに努めた。また元実務家から意見を拝聴する機会にも多々恵まれ、本書の加筆を進めることができたのである。そして最近の動向については、本書でも参考文献として用いたローネン・バーグマン博士の研究によるところが大きい。

今後もイスラエルや中東情勢の行方を知りたいのであれば、まずはモサドに関心を向けてみるのも良いだろう。彼らの行動原理は明確——イスラエルの国益と安全を守る——であるため、そこからイスラエルという国がどこへ向かおうとしているのかが見えてくるはずである。

最後に、早川書房の三村純氏には大変お世話になった。氏は9年も前に新潮社から出版した本書を気にかけてくださり、この度、加筆修正して早川書房から改めて出版することができたのである。ここでお礼を申し上げたい。

２０１８年10月

解説

国家の生き残りと不可分のインテリジェンス

作家・元外務省主任分析官
佐藤　優

小谷賢氏（日本大学危機管理学部教授、1973年生まれ）は、わが国におけるインテリジェンスの理論と歴史の研究に関する第一人者だ。私も小谷氏の著作から多くを学んでいる。

本書あとがきには、私にとってとてもなつかしい人の名が書かれている。モサド（イスラエル課報特務局）の長官をつとめたエフライム・ハレヴィ氏（ヘブライ大学教授）についてだ。

〈2008年冬、本書内にも登場する前モサド長官、エフライム・ハレヴィ氏のお話を拝聴する機会に恵まれた。それまでもテルアビブやケープタウンで、イスラエルの元情報関係者や研究者から幾度も話を伺ってきたが、やはり現場の人々の感覚は、我々日本人とはかけ離れたものがある。

例えば2003年のイラク戦争に関して、「イラクに大量破壊兵器が見つからなかったのに戦争に訴えたのは情報の失敗ではないか」と質問すると、彼らは大抵「たとえ90パーセント安全とわかっていても、10パーセントは不確実な部分（リスク）が残る。もしその10パーセントの確率で相手が大量破壊兵器を持っていれば、我々は甚大な損害を受けるかもしれない。それを防ぐには行動するしかない。大量破壊兵器が見つからなかったのはあくまでも結果論でしかないのだ」と反論する。またモサドやシャバクによる要人暗殺の是非を問うと、「イスラエルの安全保障の確保のためには仕方がないこと」と主張する。このような議論を通じて、イスラエルの情報機関、特にモサドにとっては、イスラエル国家の安全保障こそが何よりも優先する事項であることを改めて認識した次第である。

ただし私は、イスラエルによる要人暗殺には未だに納得していないし、モサドのオペレーションを手放しで礼賛するつもりもない。モサドの数々の秘密工作が、パレスチナ問題を複雑化させてきた側面も看過できないだろう。しかしイスラエルの立場から見れば、モサドが国家の生存にとって必要不可欠なものであることもまた事実なのである。個人的には、インテリジェンスの分野でイスラエルとは対極ともいえる位置にある日本が、イスラエルの情報運用から学べる部分もそれなりにあるのではないかと考えている〉（245～246頁）。

ハレヴィ氏は、ロシア事情にも通暁している。インテリジェンス・オフィサーなので、ロシアの政治や軍事事情についての知識を持っていることは意外ではないが、文学や思想についても詳しい。あるとき、ハレヴィ氏が「アイザイア・バーリンを知っているか」と私に尋ねた。「もちろん。文芸批評家で哲学者だ。積極的自由と消極的自由を区別した『自由論』で有名だ」と答えると、ハレヴィ氏は「私の伯父だ。ロシア文学にも造詣が深く、私のロシアに関する知識は、バーリンからの耳学問だ」と答えた。ハレヴィ氏のような深い学識を持つ人がモサドには多い。ただし、この人たちは、ひよわなインテリではない。要人暗殺や破壊工作、ハッキング、あるいは情報操作工作などもイスラエルの安全保障のために必要であると確信すれば、躊躇なく行う。ハレヴィ氏は、「インテリジェンス・オフィサーに危険な活動を命令することはない。本人が納得せずに強制して行ったオペレーションは失敗するからだ。よく話し合い、納得してもらった上で、仕事をしてもらう」と言っていた。モサドには、学識が豊かで、論理構成能力が高いが、同時に人間の感情に訴える技法を習得しているインテリジェンス・オフィサーが何人もいる。彼/彼女らとの交流を通じ、私はほんもののインテリジェンスの一端に触れることができた。

モサドは、秘密情報の収集だけでなく、新聞、雑誌、政府や公的機関、大学のウェブサイトなどの公開情報を用いたインテリジェンス活動にも長けている。こういう活動を「オシント」（OSINT: Open Source Intelligence）という。ハレヴィ氏もインテリジェンスの基礎はオシント能力だと強調していた。

小谷氏は、内閣情報調査室、外務省、警察庁、公安調査庁などのインテリジェンス機関に勤務したことはない。防衛省防衛研究所の戦史部に勤務したことがあるが、ここでは秘密情報は扱わない。それにもかかわらず、小谷氏はインテリジェンス機関の内在的論理を見事につかんでいる。それは、小谷氏が優れたオシント能力を持っているからだ。インテリジェンスの世界において、真理は具体的なので、ハヤカワ文庫版で加筆された第六章で展開されているモサドのメイル・ダガン長官によるイランの核開発遅延工作について検討してみたい。

〈当時ダガンは、イランの核開発を一時的でも止めるために5つのプランを検討している。それらは、①国際的な対イラン包囲網の形成、②対イラン経済制裁、③イラン国内の少数民族グループへの援助、④イランへの核原料物質の供給遮断、⑤核開発関係者の暗殺、であった。既に2006年12月にはイラン非難決議が国連で採択され、対イラン経済制裁は実行されていたが、イラン側は核開発計画を放棄するどころか逆に加速させようとしていた。そこでダガンは15名のイラン人核物理学者のリストを作成して、モサドによる暗殺作戦を実行する決心をしたのである〉（本書230頁）。

まず、当時のダガン長官の意図について、公開情報と国際学術会議などの場で得た情報を基にして適確につかんでいる。その上で、具体例を紹介する。

〈その最初の犠牲者は、当時44歳のイラン人物理学者、アルダーシル・ホセインプール博士だったとされる。博士は２００７年1月12日にイスファハーンの核技術研究所で放射性ガスを浴びて亡くなった。この件は事故か暗殺なのか判然としないが、２００７年2月4日付けのイギリスの『サンデー・タイムズ』紙は、これをモサドによる暗殺工作だと報じている。その後、２０１０年1月12日にはテヘラン大学の物理学教授、マスード・アリ＝モハンマディ博士が自宅前に駐車してあった車に乗ろうとしたところ、その隣に止めてあったバイクが突如爆発し、死亡するという事件が生じた。これは明らかに博士を狙ったものであったが、実行犯については何もわかっていない。

２０１２年1月12日には、ナタンズのウラン濃縮工場に勤務していた核物理学者のモスタファ・アフマディ＝ローシャン博士がテヘランの路上で暗殺されるという事件が生じた。二人組の犯人は博士の乗る車にバイクで近づき、後部座席の下側に吸着式の爆弾を仕掛けて博士のみを殺害している。隣に座っていた博士の妻は軽傷で済んでおり、その手法はプロの仕業であったことがわかる。イラン政府は早速声明を発表し、この犯行がイスラエルの仕業であるとして非難したのであった。こちらも実行犯については判らないままではあるが、恐らくは何らかの形でモサドが関わっているものと推察される。

モサドの工作に詳しいローネン・バーグマンによれば、一連の暗殺工作はイスラエルによる単独行動であり、法律的な規制があるアメリカの情報機関には事前通告なしに行われていたそうである。この点についてマイケル・ヘイデン元ＣＩＡ長官はバーグマンのインタビューに答える形で次のように述べた。「それらの件についてアメリカは何の関係もない。明らかに非合法であり、CIAはそのような活動を認めることも擁護もしない。しかし私の直観からいえば、科学者達の死は（イランの）核開発計画に多大な影響を与えたのではないか」。〈イデンが語ったように、一連の事件はイラン人科学者への警告となり、多くの科学者が政府の核兵器開発プロジェクトに参加することを避けるようになったとされる〉（本書230〜231頁）。

小谷氏の見事な筆さばきで、モサドの秘密工作の実情が明らかにされていく。推理小説を読むような面白さがある。同時に本書で展開されている小谷氏の高度なインテリジェンス能力を日本の国家と国民のために活用できる。

現在、北東アジア情勢も大きく変動している。2018年6月12日にシンガポールで行われた米朝首脳会談だ。この会談の結果、米朝関係は急速に改善し始めた。米国のトランプ大統領は、北朝鮮が大陸間弾道ミサイル（ICBM）を完全に廃棄して、米本土に北朝鮮の核兵器が到達する可能性がなくなれば、当面、北朝鮮の核保有を認めることになると思う。日本は、北朝鮮の中型弾道ミサイルの射程圏内にあるので、北朝鮮の核の脅威は除去されない。脅威は、意思と能力によって構成される。北朝鮮の核が日本に到達する能力を除去する手段はない。従って、脅威を取り除くためには北朝鮮が日本を攻撃する意思をなくさせる必要がある。今後は、日朝関係の改善が進むであろう。米朝関係が正常化し、朝鮮戦争が国際法的に終結すると、米軍を中心とする朝鮮国連軍も解体される。この流れが加速して、韓国からの米軍完全撤退というシナリオが生じるかもしれない。その場合、北東アジアに軍事的空白が生じ、地域情勢が不安定になる可能性がある。小谷氏ならば、インテリジェンス研究の知見を生かして、優れた現状分析ができると思う。

（２０１８年11月7日脱稿）

参考文献

全体に関わるもの

・デニス・アイゼンバーグほか（佐藤紀久夫訳）『ザ・モサド――世界最強の秘密情報機関』（時事通信社　1980）

・ダン・ラヴィヴ、ヨシ・メルマン（尾崎恒訳）『モーゼの密使たち――イスラエル諜報機関の全貌』（読売新聞社　1992）

・ゴードン・トーマス（東江一紀訳）『憂国のスパイ――イスラエル諜報機関モサド』（光文社　1999）

・Howard M. Sachar, *A History of Israel:From the Rise of Zionism to Our Time*（Knopf 1996）

・Ian Black and Benny Morris, *Israel's Secret Wars :A History of Israel's Intelligence Services*

(Time Warner Paperbacks 1992)

• Ze'ev Schiff, *A History of the Israeli Army:1874 to the Present* (Sidgwick and Jackson 1987)

• Ephraim Kahana, *Historical Dictionary of Israeli Intelligence* (Scarecrow Press 2006)

• Robert D'A. Henderson, *Brassey's International Intelligence Yearbook*, 2003 Edition (Brassey's 2003)

• Walter Laqueur and Barry Rubin, *The Israel-Arab Reader:A Documentary History of the Middle East Conflict* (Penguin Books 2008)

• マーク・M・ローエンタール（茂田宏監訳）『インテリジェンス——機密から政策へ』（慶應義塾大学出版会　２０１１）

第一章

• エフライム・ハレヴィ（河野純治訳）『イスラエル秘密外交——モサドを率いた男の告白』（新潮文庫　２０１６）

• Haggai Eshed, *Reuven Shiloah:The Man Behind the Mossad* (Frank Cass 1997)

• Michael Bar-Zohar, *Ben-Gurion:A Biography* (Adama Books 1986)

• Efraim Karsh, *The Arab-Israeli Conflict:The Palestine War 1948* (Osprey Publishing

2002)
・KV 5 : Security Service, *PRO*（英国公文書館）
・モサド公式ウェブサイト：http://www.mossad.gov.il/eng/pages/default.aspx
・ユダヤ機関公式ウェブサイト：http://www.jewishagency.org

第二章

・ウォルフガング・ロッツ（大内博訳）『シャンペン・スパイ』（ハヤカワ文庫　1985）
・Moshe Dayan, *Story of My Life*（Weidenfeld and Nicolson 1976）
・Chaim Herzog, *The Arab-Israeli Wars: War and Peace in the Middle East*（Arms and Armour Press 1982）
・David Carlton, *Britain and the Suez Crisis*（Basil Blackwell 1989）
・William Roger Louis, *The British Empire in the Middle East, 1945-1951: Arab Nationalism, the United States, and Postwar Imperialism*（Clarendon Press 1984）
・Isser Harel, *The House on Garibaldi Street: The Capture of Adolf Eichmann*（Andre Deutsch 1975）
・Michael B. Oren, *Six Days of War: June 1967 and the Making of the Modern Middle East*

（Presidio Press 2003）
・PREM 11 :Suez records, *PRO*（英国公文書館）

第三章

・ジョージ・ジョナス（新庄哲夫訳）『標的《ターゲット》は11人――モサド暗殺チームの記録』（新潮文庫　１９８６）
・マイケル・バー＝ゾウハー、アイタン・ハーバー（横山啓明訳）『ミュンヘン――オリンピック・テロ事件の黒幕を追え』（ハヤカワ文庫　２００６）
・Avraham Sela and Moshe Ma'oz（eds.）, *The PLO and Israel:From Armed Conflict to Political Solution, 1964-1994*（Macmillan 1997）
・Moshe Dayan, *Story of My Life*（Weidenfeld and Nicolson 1976）
・John Hughes-Wilson, *Military Intelligence Blunders*（Carroll and Graf Publishers 1999）
・Amos Perlmutter, *Politics and the Military in Israel, 1967-1977*（Frank Cass 1978）
・Frank Aker, *October, 1973:The Arab-Israeli War*（Archon Books 1985）

第四章

・Tony Williamson, *Counter Strike Entebbe*（Collins 1976）

第五章

・ビクター・オストロフスキー、クレア・ホイ（中山善之訳）『モサド情報員の告白』（ＴＢＳブリタニカ　１９９２）
・ハレヴィ、前掲書
・ピーター・ライト、ポール・グリーングラス（久保田誠一監訳）『スパイキャッチャー』（朝日新聞社　１９８７）
・Ronen Bergman, *The Secret War with Iran:The 30-Year Clandestine Struggle Against the World's Most Dangerous Terrorist Power* (Free Press 2008)

第六章

・マイケル・バー＝ゾウハー＆ニシム・ミシャル（上野元美訳）『モサド・ファイル――イスラエル最強スパイ列伝』（ハヤカワ文庫　２０１４）
・アモス・ギルボア、エフライム・ラピッド編（佐藤優監訳、河合洋一郎訳）『イスラエル情報戦史』（並木書房　２０１５）
・リチャード・クラーク、ロバート・ネイク（北川知子、峯村利哉訳）『世界サイバー戦争　核を超える脅威――見えない軍拡が始まった』（徳間書店　２０１１）

・伊東寛『サイバー戦争論——ナショナルセキュリティの現在』（原書房　２０１６）

・Ronen Bergman, *The Secret War with Iran* (Free Press 2008)

・Ronen Bergman, *Rise and Kill First :The Secret History of Israel's Targeted Assassinations* (Random House 2018)

イスラエル情報コミュニティー組織図

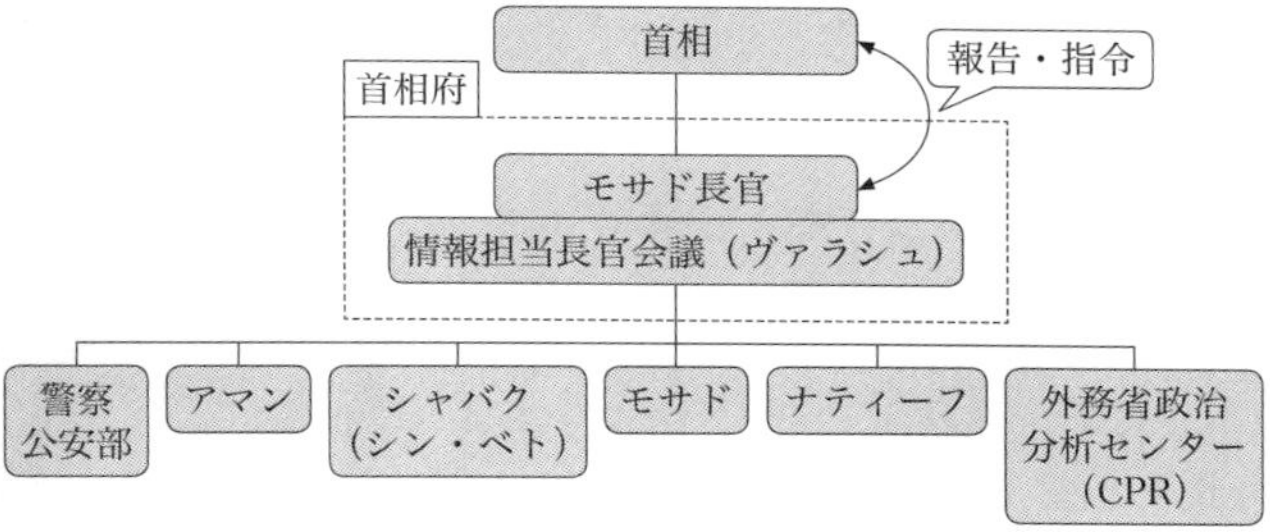

モサド組織図

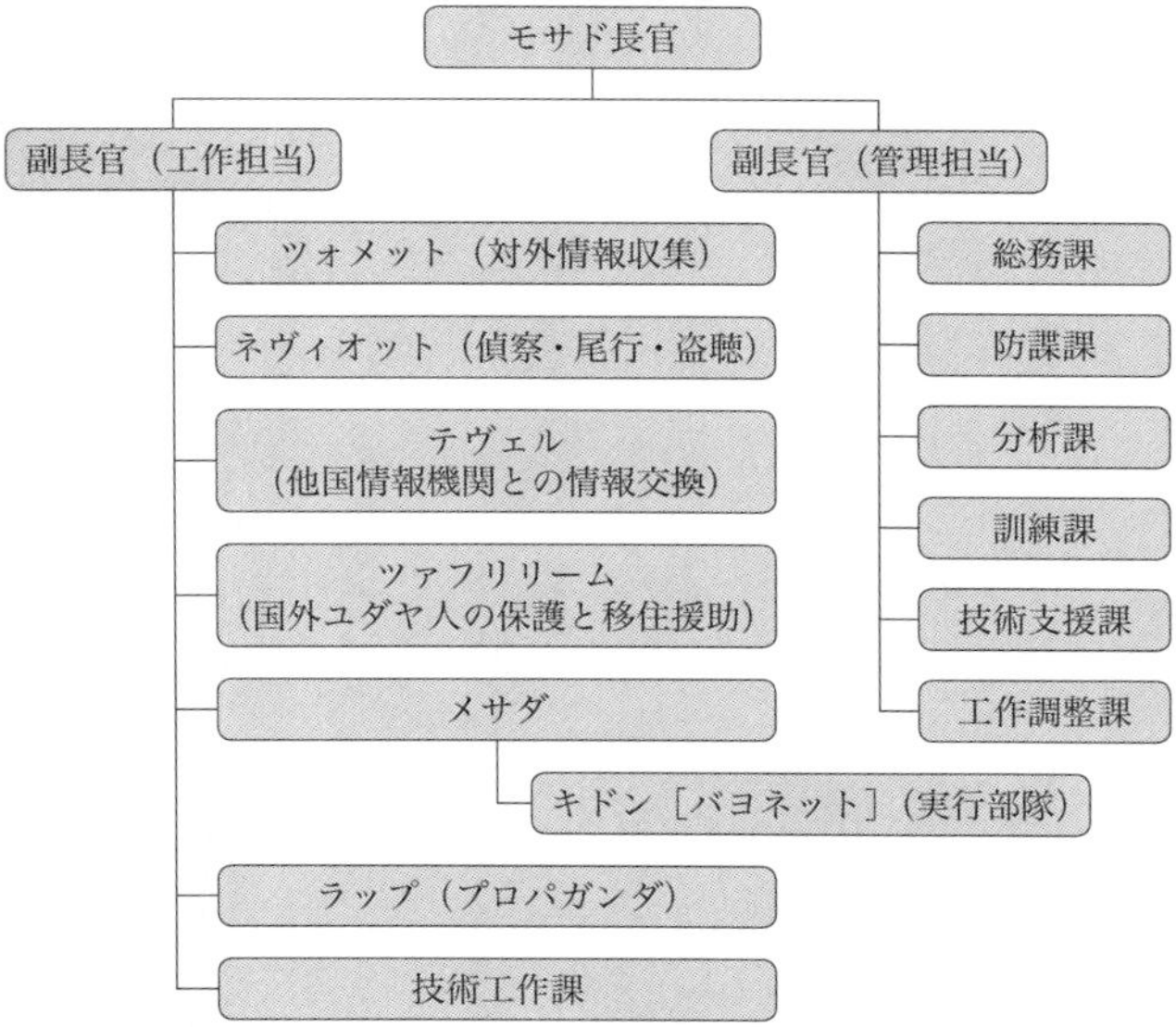

イスラエル首相、モサド、シャバク、アマン長官一覧

西暦	首相	モサド長官	シャバク長官	アマン長官
1948-54	ダヴィッド・ベン＝グリオン（マパイ）	ルーヴェン・シロアップ（1951-52） イセル・ハルエル（1952-63）	イセル・ハルエル（1948-52） イジ・ドロト（1952-53） アモス・マノル（1953-63）	イセル・ベーリ（1948-49） ハイム・ヘルツォーグ（1949-50） ベンヤミン・ジブリ（1950-55）
1954-55	モシェ・シャレット（マパイ）			
1955-63	ダヴィッド・ベン＝グリオン（マパイ）			イェホシャファ・ハルカビ（1955-59） ハイム・ヘルツォーグ（1959-62） メイル・アミット（1962-63）
1963-69	レヴィ・エシュコル（マパイ）	メイル・アミット（1963-68） ツヴィ・ザミール（1968-74）	ヨセフ・ハルメリン（1964-74）	アハロン・ヤリヴ（1963-72）
1969-74	ゴルダ・メイア（労働党）			エリヤフ・ゼイラ（1972-74）

1974・77 イツハク・ラビン（労働党）	1977・83 メナヘム・ベギン（リクード）	1983・84 イツハク・シャミール（リクード）	1984・86 シモン・ペレス（労働党）	1986・92 イツハク・シャミール（リクード）	1992・95 イツハク・ラビン（労働党）	1995・96 シモン・ペレス（労働党）	1996・99 ベンヤミン・ネタニヤフ（リクード）
イツハク・ホフィ（1974・82）	ナフム・アドモニ（1982・89）	シャブタイ・シャヴィト（1989・96）	ダニー・ヤトム（1996・98）				
アヴラハム・アヒタヴ（1974・80）	アヴラハム・シャローム（1980・86）	ヨセフ・ハルメリン（1986・88）	ヤーコヴ・ペリ（1988・94）	カルミ・ギロン（1995・96）	アミ・アヤロン（1996・2000）		
シュロモ・ガジット（1974・78）	イェホシュア・サグイ（1979・83）	エフード・バラク（1983・85）	アムノン・リプキン＝シャハク（1986・91）	ウリ・サグイ（1991・95）	モシェ・ヤアロン（1995・98）		

1999-2001	エフード・バラク（労働党）	エフライム・ハレヴィ（1998-2002）	アヴィ・ディヒター（2000-05）	アモス・マルカ（1998-2002）
2001-06	アリエル・シャロン（リクード）	メイル・ダガン（2002-2010）	ユヴァル・ディスキン（2005-2011）	アハロン・ゼエヴィ＝ファルカシュ（2002-2006）
2006-09	エフード・オルメルト（カディマ）			アモス・ヤドリン（2006-2010）
2009 3月-	ベンヤミン・ネタニヤフ（リクード）	タミル・パルドー（2010-2015）	ヨラム・コーエン（2011-2016）	アヴィヴ・コチャビ（2010-2014）
		ヨシ・コーヘン（2016-）	ナダヴ・アルガマン（2016-）	ヘルズィ・ハレヴィ（2014-）

モサド関連年表

1881年	第一波ユダヤ人移民（アリヤー）開始
1897年	第一回世界シオニスト会議
1905年	第二波ユダヤ人移民開始
1917年	バルフォア宣言（11月）
1922年	国際連盟、パレスチナ委任統治を承認
1933年	ナチス政権成立（1月）
1939年	マクドナルド白書（5月）
1940年	情報組織シャイ誕生（9月）
1947年	国連パレスチナ分割決議（11月）
1948年	デイル・ヤーシーン村の虐殺（4月）。イスラエル独立宣言（5月）。第一次中東戦争勃発（〜1949年）。シャイ解体、外務省政治情報局、アマン、シン・ベト（シャバク）成立（6月）
1949年	国家情報調整局（後のモサド）設置（12月）
1954年	ハルエル訪米、CIA長官アレン・ダレスと会談（3月）
1956年	フルシチョフのスターリン批判明るみに出る。第二次中東戦争（スエズ動乱）（10月）
1957年	イスラエル軍、科学連絡事務局（ラカム）設立
1960年	アイヒマン捕獲作戦（5月）
1962年	ダモクレス作戦（〜1963年3月）
1963年	ベン＝グリオン首相辞任（6月）

1964年	PLO（パレスチナ解放機構）結成（5月）
1965年	エリ・コーヘン、シリアで処刑（5月）。ベン・バルカ事件（10月）
1967年	第三次中東戦争（六日間戦争）、イスラエルがヨルダン河西岸、ガザ、ゴラン高原（シリア領）、シナイ半島（エジプト領）を占領（6月）
1968年	PFLP（パレスチナ解放人民戦線）によるハイジャック事件続発する
1970年	ヨルダン内戦勃発。「黒い九月」「17部隊」結成される
1972年	黒い九月によるサベナ機ハイジャック、日本赤軍によるロッド空港乱射事件（5月）。ミュンヘンオリンピック事件（9月）、「神の怒り作戦」発動
1973年	「苦渋の夜」（7月）。第四次中東戦争（ヨム・キプール戦争）（10月）。「アグラナト委員会」設置（11月）
1976年	エンテベの奇跡「サンダーボール（サンダーボルト）作戦」（7月）
1978年	キャンプ・デービッド合意（カーター大統領、サダト大統領、ベギン首相）（9月）
1979年	サラメ、ベイルートで暗殺される（1月）。ホメイニ師によるイラン革命成立（2月）。エジプトがイスラエルと単独平和条約締結（3月）。ソ連のアフガニスタン侵攻（12月）
1980年	イラン・イラク戦争（～1988年8月）
1981年	レーガン政権成立（1月）。イラクのオシラク原子炉空襲「オペラ作戦」（6月）
1982年	ヒズボラ結成。イスラエルによるレバノン侵攻「ガリラヤの平和作戦」（6月）。レバノンのジェマイール大統領暗殺後、サブラ、シャティーラ虐殺事件（9月）
1983年	ベイルートのアメリカ海兵隊本部爆破事件（10月）
1984年	PFLPによるバスジャック事件（4月）。エチオピアのファラシャ移送「モーセ作戦」（11月～1985年1月）
1985年	CIAによるファラシャ移送「ヨシュア作戦」（3月）。ポラード事件（11月）

1986年	ヴァヌヌ拉致（9月）。英「サンデー・タイムズ」、イスラエルの核開発をスクープ（10月）。イラン・コントラ事件発覚（11月）
1987年	ロンドンにてアリヤール・アドハミ暗殺される（7月）。第一次インティファーダ（パレスチナ民衆蜂起）（12月〜1993年）
1988年	アブー・ジハード、暗殺される（4月）。パレスチナ国家独立宣言（11月）
1990年	米税関、イラクへ密輸の核起爆装置「クライトロン」押収（3月）。イラクによるクウェート侵攻（8月）。『モサド情報員の告白』出版（9月）
1991年	湾岸戦争（1月）。エチオピアから再度ファラシャ移送「ソロモン作戦」（5月）。マドリッド和平会議（10月）
1993年	イスラエルとPLOがオスロ合意（「パレスチナ暫定自治原則宣言」）に調印（9月）
1994年	イスラエル・ヨルダン平和条約調印（10月）
1995年	オスロ合意に調印したラビン首相暗殺（11月）
1997年	ハマス有力者メシャル暗殺未遂（9月）、ハマス創設者ヤーシーン師解放
2000年	キャンプ・デービッド会談決裂（7月）。第二次インティファーダ勃発（9月）
2001年	シャロン政権成立（3月）。9・11同時多発テロ（9月）
2002年	イスラエル軍パレスチナ自治区侵攻（3月）
2003年	イラク戦争始まる（3月）。ジュネーブ合意（10月）
2004年	ヤーシーン師暗殺（3月）。アラファートPLO議長死去（11月）
2005年	イスラエル軍、ガザ地区から撤退（9月）。カディマ党結成（11月）
2006年	オルメルト政権成立（5月）。イスラエル軍、レバノン攻撃（7月）
2007年	シリアの核関連施設爆撃（9月）

2008年	イスラエル軍、ガザ攻撃（12月）
2009年	ネタニヤフ政権成立（3月）。
2010年	アル＝マブフーフ、ドバイで暗殺（1月）。イランへのスタックスネット攻撃（9月）。「アラブの春」始まる（12月〜）。
2011年	ダガン長官解任（11月）。アルカイダ創設者ウサマ・ビンラディン殺害（5月）。
2015年	イラン核合意成立（7月）。ジョナサン・ポラード釈放（11月）。
2017年	米トランプ政権成立（1月）。イスラム国（ＩＳ）の「首都」ラッカ陥落（10月）。
2018年	イスラエル建国70周年（5月）。米トランプ政権、イラン核合意からの離脱を表明（5月）。米大使館、エルサレムに移転（5月）。

273　モサドの求人案内（日本語訳）

モサド（諜報及び特殊任務機関）

「導かなければ民は滅びる」（箴言11章14節）

（↑これはモサドの公式のスローガン）

君が中心的な立場で仕事ができる現実を作る機会を君は持っている。
もし、君が勇気と知性、感性を持っているなら、民族全体そして個々の人々に影響を与え、導くことができる。
もし、君が人々を動かし、感動させ、促すことができるなら、我々が捜し求めている価値あるものに応えてくれることができるだろう。

この職に求められる能力：

■外国語に関する完全なスキル■27歳以上■最高レベルのコミュニケーション能力（人間関係においてという意味です）■創造的な好奇心と思考能力■（高い）身体能力■困難な状況において、任務を独立して（独りで）またチームで遂行できる能力■訓練期間の後、海外任務に出る意志

もし、これらの能力が君に備わっているなら―「モサド」はあなたに開かれている。

ＩＤカードの番号を記した履歴書をファックスもしくはe-mailで送ってください。

モサドは開かれている。すべての人にではない。多くの人にでもない。たぶん、君に向かってだ。この案内は男性、女性共に向けられている。おそらく（それに）見合った者が応えてくれるだろう。

（2009年当時のもの。現在の求人情報はモサドの公式サイトhttps://www.mossad.gov.il/eng/Pages/default.aspx〔英語版あり〕を参照）

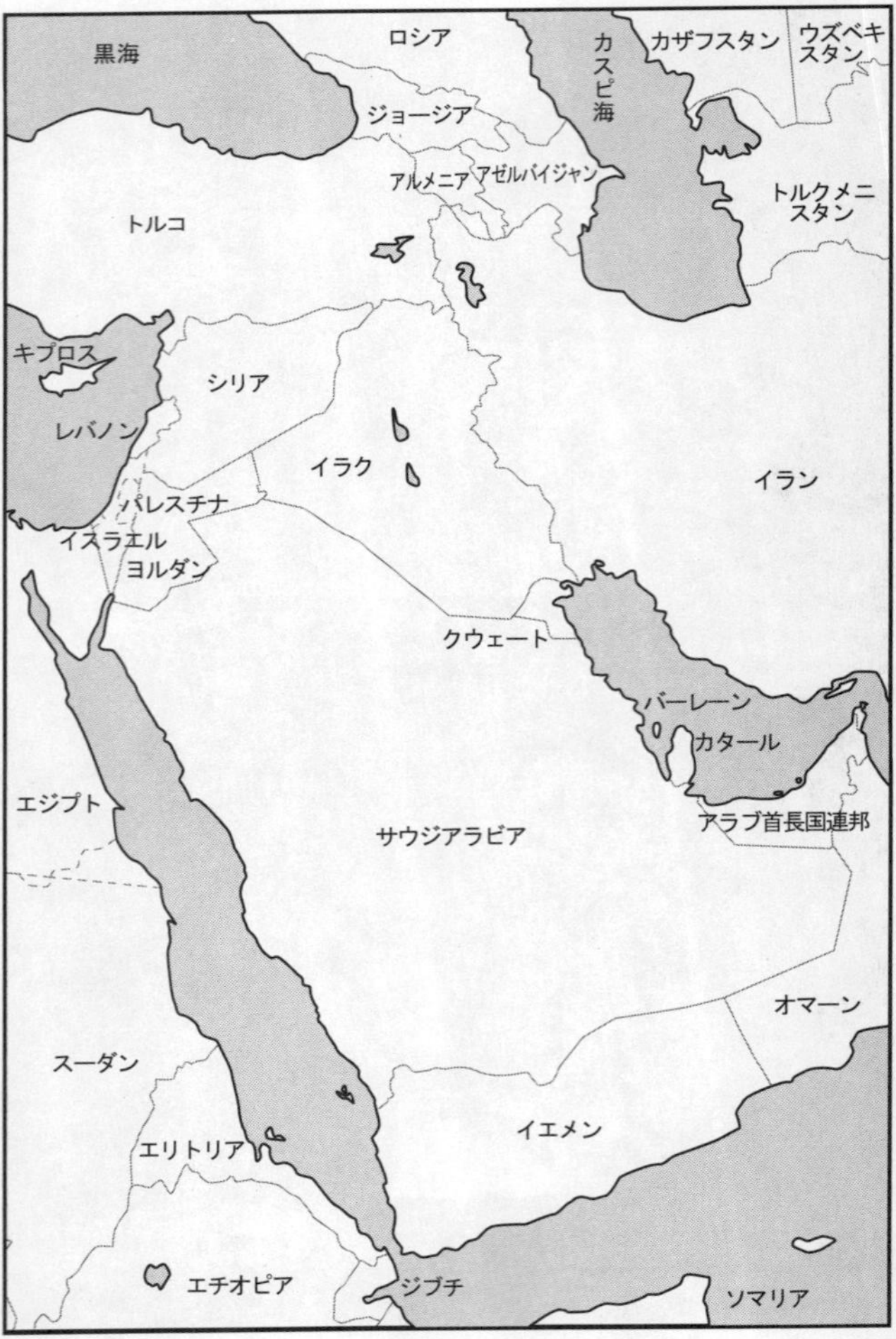
黒海
ロシア
カスピ海
カザフスタン
ウズベキスタン
ジョージア
アルメニア
アゼルバイジャン
トルクメニスタン
トルコ
キプロス
シリア
レバノン
イラク
イラン
パレスチナ
イスラエル
ヨルダン
クウェート
バーレーン
カタール
アラブ首長国連邦
エジプト
サウジアラビア
オマーン
スーダン
イエメン
エリトリア
エチオピア
ジブチ
ソマリア

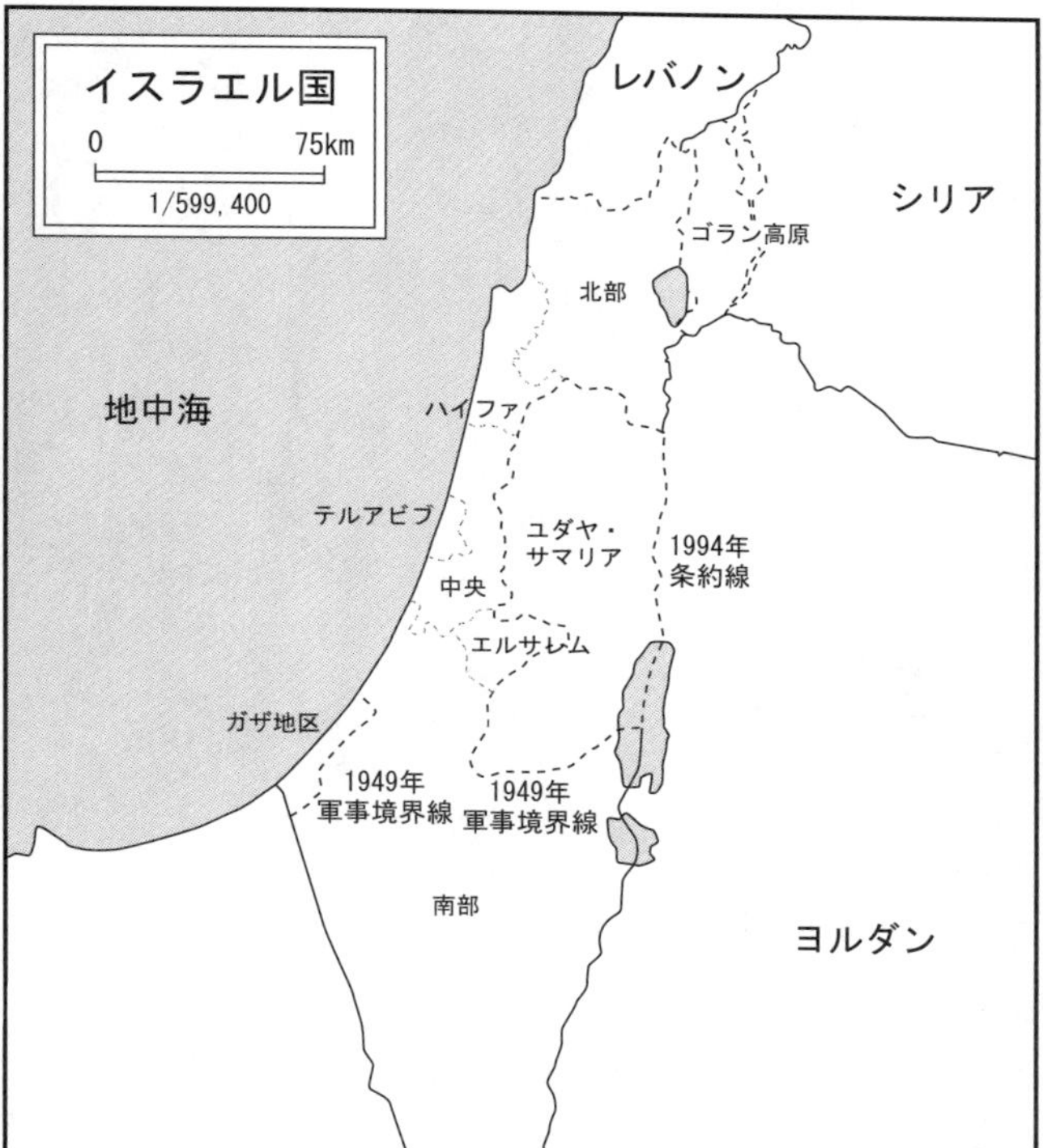
イスラエル国
0
75km
1/599,400
レバノン
シリア
ゴラン高原
北部
地中海
ハイファ
テルアビブ
ユダヤ・
サマリア
1994年
条約線
中央
エルサレム
ガザ地区
1949年
軍事境界線
1949年
軍事境界線
南部
ヨルダン
エジプト

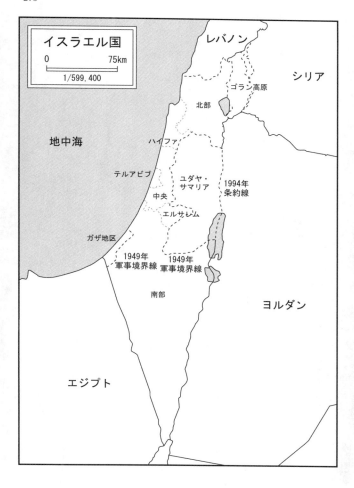

本書は二〇〇九年六月に新潮社より単行本として刊行された作品を改題・加筆し、文庫化したものです。

◎著者略歴

小谷 賢（こたに・けん）

日本大学危機管理学部教授。専門はインテリジェンス研究、イギリス政治外交史。1973年京都生まれ。立命館大学国際関係学部卒業、ロンドン大学キングス・カレッジ大学院修了、京都大学大学院人間・環境学研究科博士課程修了。防衛省防衛研究所戦史部教官、英国王立防衛安保問題研究所（RUSI）客員研究員、防衛省防衛研究所主任研究官を経て現職。主な著書に、『イギリスの情報外交』、『日本軍のインテリジェンス』、『インテリジェンス』、『インテリジェンスの世界史』など、監訳書に『ＣＩＡの秘密戦争』（マーク・マゼッティ、池田美紀訳、ハヤカワ・ノンフィクション文庫）がある。

モサド・ファイル

——イスラエル最強スパイ列伝

Mossad

マイケル・バー＝ゾウハー&ニシム・ミシャル

上野元美訳

ハヤカワ文庫ＮＦ

佐藤優氏推薦

謎めく諜報活動の舞台裏が明らかに！

世界最強と謳われるイスラエルの対外情報機関「モサド」。ナチスへの報復、テロとの果てなき戦い、各国のユダヤ人保護など、インテリジェンス作戦の真実を人気作家が活写。国家存亡を左右する暗闘の真実を描くベストセラー・ノンフィクション。解説／小谷賢

ホース・ソルジャー（上・下）

Horse Soldiers

ダグ・スタントン
伏見威蕃訳

ハヤカワ文庫NF

NY同時多発テロ発生直後、米陸軍特殊部隊が密かに招集された。任務はアフガンに潜入し、地元勢力の北部同盟軍とともにタリバンを掃討すること。最新鋭の装備を誇る米軍だが、敵軍が潜む山岳地帯では馬を駆って戦わなければならない――。最高機密として長年封印されてきた特殊作戦の克明な記録。同名映画原作

アメリカン・スナイパー

American Sniper

クリス・カイル
ジム・デフェリス
スコット・マキューエン
田口俊樹・他訳

ハヤカワ文庫ＮＦ

米海軍特殊部隊ＳＥＡＬ所属の狙撃手クリス・カイルは、イラク戦争に四度従軍、一六〇人を射殺した。これは米軍史上、狙撃成功の最高記録である。敵軍から「悪魔」と恐れられた彼は、はたして英雄なのか？　カイル本人が戦争の真実を綴る傑作ノンフィクション。Ｃ・イーストウッド監督の同名映画原作

戦場の掟

Big Boy Rules

スティーヴ・ファイナル
伏見威蕃訳

ハヤカワ文庫ＮＦ

イラク戦争で急成長を遂げた民間軍事会社。戦場で要人の警護、物資輸送の護衛などに当たり、正規軍の代役を務める彼らの需要は多く、報酬も破格だ。しかし、常に死と隣り合わせで、死亡しても公式に戦死者と認められない。法に縛られない血まみれのビジネスの実態を、ピュリッツァー賞受賞記者が描く衝撃作。

100年予測

The Next 100 Years
ジョージ・フリードマン
櫻井祐子訳
ハヤカワ文庫ＮＦ

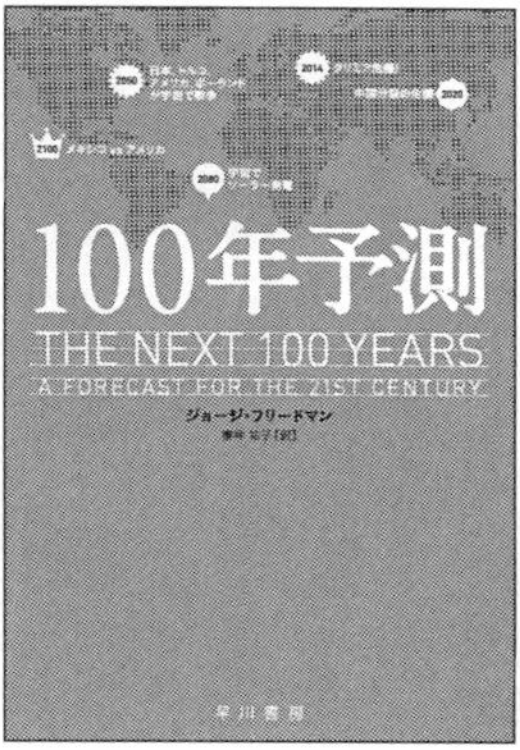

各国政府や一流企業に助言する
政治アナリストによる衝撃の未来予想

「影のＣＩＡ」の異名をもつ情報機関が21世紀を大胆予測。ローソン社長・玉塚元一氏、ＪＳＲ社長・小柴満信氏推薦！　21世紀半ば、日本は米国に対抗する国家となりやがて世界戦争へ？　地政学的視点から世界勢力の変貌を徹底予測する。解説／奥山真司

HM=Hayakawa Mystery
SF=Science Fiction
JA=Japanese Author
NV=Novel
NF=Nonfiction
FT=Fantasy

モサド
暗躍と抗争の70年史

〈NF533〉

二〇一八年十二月 十 日 印刷
二〇一八年十二月十五日 発行
（定価はカバーに表示してあります）

著者 小《こ》谷《たに》賢《けん》
発行者 早川浩
印刷者 草刈明代
発行所 株式会社 早川書房
郵便番号 一〇一 - 〇〇四六
東京都千代田区神田多町二ノ二
電話 〇三 - 三二五二 - 三一一一（大代表）
振替 〇〇一六〇 - 三 - 四七七九九
http://www.hayakawa-online.co.jp

乱丁・落丁本は小社制作部宛お送り下さい。
送料小社負担にてお取りかえいたします。

印刷・中央精版印刷株式会社　製本・株式会社フォーネット社

ISBN978-4-15-050533-2 C0131

本書は活字が大きく読みやすい〈トールサイズ〉です。